高等职业教育精品工程系列教材

液压与气压传动技术

林德智 苏 茜 主 编
黄尚猛 徐 凯 陶恩巧 副主编

电子工业出版社
Publishing House of Electronics Industry
北京·BEIJING

内 容 简 介

本书是根据国务院颁布的《国家职业教育改革实施方案》和《高等职业学校专业教学标准》，同时结合编者在液压与气动技术方面多年的教学改革和工程实践经验编写而成的。

本书以活页形式呈现，知识点和技能点递进，但内容又相对独立。全书共设置了八个项目。每个项目根据课程知识选取典型案例，"教、学、做、评"合一实施，设计引导任务，层次分明，充分融入实训设备和仿真软件，有利于提高学生的实践能力和创新能力，具有工程实践价值。本书配套资源丰富，知识点和数字化资源呼应，数字化资源可通过扫描二维码获取，便于学生随时随地学习，形成良好的自主学习习惯。

本书可作为高职高专机械制造类专业的教学用书，也可作为社会相关从业人员的学习用书及培训用书。

未经许可，不得以任何方式复制或抄袭本书之部分或全部内容。
版权所有，侵权必究。

图书在版编目（CIP）数据

液压与气压传动技术 / 林德智，苏茜主编. —北京：电子工业出版社，2021.7
ISBN 978-7-121-41544-9

Ⅰ.①液… Ⅱ.①林… ②苏… Ⅲ.①液压传动－高等学校－教材②气压传动－高等学校－教材 Ⅳ.①TH137②TH138

中国版本图书馆 CIP 数据核字（2021）第 135926 号

责任编辑：郭乃明　　　　　特约编辑：田学清
印　　刷：天津画中画印刷有限公司
装　　订：天津画中画印刷有限公司
出版发行：电子工业出版社
　　　　　北京市海淀区万寿路 173 信箱　　邮编：100036
开　　本：787×1092　1/16　印张：13.75　字数：352 千字
版　　次：2021 年 7 月第 1 版
印　　次：2021 年 7 月第 1 次印刷
定　　价：42.00 元

凡所购买电子工业出版社图书有缺损问题，请向购买书店调换。若书店售缺，请与本社发行部联系，联系及邮购电话：（010）88254888，88258888。

质量投诉请发邮件至 zlts@phei.com.cn，盗版侵权举报请发邮件到 dbqq@phei.com.cn。
本书咨询联系方式：guonm@phei.com.cn，QQ34825072。

前　言

2019年国务院印发的《国家职业教育改革实施方案》中明确提出了要建设一大批校企"双元"合作教材，倡导编写新型活页式、工作手册式教材并配套开发信息化资源，运用现代信息技术改进教学方式方法。本书是省部级研究项目"广西职业教育数控技术专业及专业群发展研究基地"的成果之一。

1. 教材内容

本书设置了八个项目，内容包括液压传动系统分析、液压动力元件的工作原理与维护、液压执行元件的工作原理与维护、液压辅助元件、液压基本控制回路设计、典型液压设备的回路分析及故障排除、气压传动基础知识及执行元件、气压传动控制回路设计。

2. 教材特色

（1）活页式教材，更加强调知识的应用，知识点和技能点递进，但内容又相对独立。

（2）构建以学生为本位的思维，将职业素养等理念引入教学，引导学生养成良好的职业道德与品行。

（3）通俗易懂，方便学习，构建数字化资源，立体呈现教育信息化的特点，结合仿真软件，充分提高学生学习效率和积极性。

（4）注重技能的养成和思维的拓展。通过引导式教学，设计包括引导问题、优化决策、具体实施、课后拓展等内容，培养学生的团结协作能力和勤于思考的习惯，避免重讲轻练、重知识轻能力的弊端。

本书由广西机电职业技术学院林德智、苏茜担任主编，广西机电职业技术学院黄尚猛、徐凯和陶恩巧担任副主编，广西机电职业技术学院林显新、黄华椿、姚彩虹及广西水利电力职业技术学院张林贝子参与编写。

在本书编写过程中，上汽通用五菱汽车股份有限公司、南南铝业股份有限公司、广西柳工机械股份有限公司等企业提供了许多宝贵意见和建议，同时，编者参考了相关文献，对相关企业和文献作者，在此一并致谢。

由于编者水平有限，书中难免存在疏漏之处，敬请广大读者和同仁提出宝贵意见。

目　　录

项目一　液压传动系统分析 1
　　工作任务　简单机床液压传动系统分析 1
　　　　学习情境相关知识点 8

项目二　液压动力元件的工作原理与维护 12
　　工作任务　常见液压泵的拆装与故障分析 12
　　　　学习情境相关知识点 19

项目三　液压执行元件的工作原理与维护 29
　　工作任务　液压执行元件的拆装与故障分析 29
　　　　学习情境相关知识点 35

项目四　液压辅助元件 45
　　工作任务　液压辅助元件工作特性分析 45
　　　　学习情境相关知识点 50

项目五　液压基本控制回路设计 59
　　工作任务一　压力控制阀的拆装与维护 59
　　　　学习情境相关知识点 65
　　工作任务二　方向控制回路设计与仿真 73
　　　　学习情境相关知识点 81
　　工作任务三　压力控制回路设计与仿真 85
　　　　学习情境相关知识点 91
　　工作任务四　速度控制回路设计与仿真 96
　　　　学习情境相关知识点 101
　　工作任务五　多缸动作控制回路设计与仿真 109
　　　　学习情境相关知识点 115

项目六　典型液压设备的回路分析及故障排除 119
　　工作任务　组合机床液压传动系统的故障分析与排除 119
　　　　学习情境相关知识点 125

项目七 气压传动基础知识及执行元件 128
工作任务 气动剪刀机的控制回路设计与仿真 128
学习情境相关知识点 134

项目八 气压传动控制回路设计 145
工作任务一 单作用气缸的直接控制回路设计与仿真 145
学习情境相关知识点 150
工作任务二 双作用气缸的速度控制回路设计与仿真 154
学习情境相关知识点 159
工作任务三 双作用气缸的逻辑控制回路设计与仿真 162
学习情境相关知识点 168
工作任务四 双作用气缸与逻辑功能及延时控制回路设计与仿真 170
学习情境相关知识点 175
工作任务五 双缸往复动作电气联合控制回路设计与仿真 176
学习情境相关知识点 181
工作任务六 PLC控制的连续往复动作控制回路设计与仿真 185
学习情境相关知识点 190

知识链接 192

附录A 常用液压与气动元件图形符号（GB/T 786.1—2009） 203

附录B 常用液压与气动元件在两种国家标准中的图形符号 212

参考文献 214

项目一　液压传动系统分析

工作任务　简单机床液压传动系统分析

学习情境描述

液压与气压传动技术是机械设备中运用非常广泛的技术。随着近几年机电一体化技术的发展,液压与气压传动技术进入了一个新的发展阶段,与电子技术、计算机技术、通信技术、自动控制技术不断融合,更广泛地应用在各行各业中,包括机械制造、工程机械、轻工机械、冶金机械、矿山机械、农业机械、起重设备等。

机床工作台的液压传动系统是通过操作手柄控制其工作台做往复运动的,还可以根据工作需要改变其工作台运动速度,是非常典型的液压传动系统。

关键知识点:液压传动系统的工作原理、组成和图形符号。

关键技能点:液压与气压传动仿真软件的使用。

学习目标

(1) 掌握液压传动系统的工作原理和特点。
(2) 掌握液压传动系统的组成部分及作用。
(3) 初步熟悉仿真软件,能在教师引导下利用软件进行回路搭建和仿真。
(4) 培养学生的自主学习能力和团结协作能力。
(5) 培养学生良好的职业素养和 6S 能力。

任务书

利用仿真软件对机床工作台的液压传动系统进行建模、仿真,并分析其工作原理。观察实训室内的液压设备,认识各液压元件和安装位置,加深对液压传动系统的组成及工作原理的理解。

任务分组

根据班级人数和具体的实训要求对班级进行分组,填写小组信息表(见表 1-1)。分组过程中注重人员的均衡分配,积极倡导学生实现自我管理,促使学生养成良好的学习习惯,提高学生的团队协作能力。

表 1-1　小组信息表

小 组 信 息					
班级名称		日期		指导教师	
小组名称		组长姓名		联系方式	
岗位分工	技术员	记录员	汇报员	观察员	资料员
组员姓名					

说明：组长负责统筹组织整个任务实施过程，技术员负责任务实施过程的操作，记录员负责过程记录工作，汇报员负责在分享信息时进行讲解汇报，观察员负责观察、总结过程中忽略的问题、组员的工作效率问题及记录任务完成度等，资料员负责收集各类信息。任务实施过程中可根据具体情况由多人分担同一岗位的工作或一人身兼多职，可在不同任务中进行轮岗。小组成员要团结协作、积极参与。

获取信息

引导问题1：完成下列填空题。

（1）液压传动是以_____为传动介质，利用液体的_____来实现运动和动力传递的一种传动方式。

（2）液压传动必须在_____进行，依靠液体的_____来传递动力，依靠_____来传递运动。

（3）液压传动系统的工作压力取决于_____。

（4）液压传动系统由_____、_____、_____、_____、_____五部分组成。

（5）在液压传动系统中，液压泵是_____元件，它将输入的_____能转化成_____能，向系统提供_____。

（6）在液压传动系统中，液压缸是_____元件，它将输入的_____能转化成_____能。

（7）液压传动系统中的各类阀用来控制系统所需的_____、_____和_____，以满足执行元件的不同工作需求。

（8）液压传动系统中的图形符号只表示元件的_____、_____、_____和_____，不能代表元件的_____和_____及接口的实际位置和元件的安装位置。

拓展知识

液压千斤顶是常见的液压工作装置，现以液压千斤顶为例来说明液压传动系统的工作原理。液压千斤顶由手动液压泵和举升液压缸构成。如图1-1所示，手动液压泵由杠杆1、泵体2、活塞3、单向阀5和7组成；举升液压缸由活塞11、缸体12组成。液压千斤顶开始工作前，先关闭截止阀8。提起杠杆1时，活塞3上升，泵体2下面的油腔4容积增大，形成局部真空，油箱6中的液压油在大气压力的作用下，推开单向阀5进入油腔4（此时单向阀7关闭），也就是泵吸油。当压下杠杆1时，活塞3下降，油腔4容积缩小，液压油的压力升高，打开单向阀7（单向阀5关闭），油腔4中的液压油通过油管9进入油腔10（此时截止阀8关闭），使活塞11向上运动，把重物顶起，也就是泵压油。若反复提压杠杆1，工作容积不断变大、缩小（吸油和压油），就可以使重物不断上升，达到起重的目的。当打开截止阀8时，活塞11在外力和自重的作用下实现回程，油腔10中的液压油通过管道直接流回油箱。

项目一　液压传动系统分析

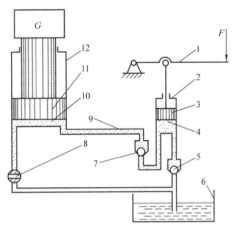

1—杠杆；2—泵体；3、11—活塞；4、10—油腔；5、7—单向阀；
6—油箱；8—截止阀；9—油管；12—缸体

图 1-1　液压千斤顶的工作原理图

综上所述，液压传动是一种以液体为传动介质，利用液体的压力能来实现运动和动力传递的一种传动方式。由于液体只有一定的体积而没有固定的形状，所以液压传动必须在密闭的容器内进行，依靠密封容积的变化和液体压力的变化传递运动、动力。

引导问题 2：液压千斤顶为什么可以吸、压油？

拓展知识

根据测量基准的不同，压力[①]的表示方法有两种：一种是以绝对真空（零压力）为基准测量的压力，称为绝对压力；另一种是以大气压力为基准测量的压力，称为相对压力。由于大多数测压仪表所测量的压力都是相对压力，故相对压力也称为表压力。在液压技术中所提到的压力，无特别指明时，都是指相对压力。当绝对压力低于大气压时，习惯上称为具有真空，而绝对压力不足于大气压力的那部分压力值，称为真空度。绝对压力、相对压力与真空度的关系如图 1-2 所示，显然：

绝对压力=大气压力+相对压力

真空度=大气压力-绝对压力

压力的单位是 Pa（N/m²），在工程上常用 kPa、MPa，它们之间的关系是：$1\text{MPa}=10^3\text{kPa}=10^6\text{Pa}$。

---

① 液压传动系统中的"压力"实际指物理学中的"压强"，本书中出现的"压力"如无特殊说明，均指物理学中的"压强"。

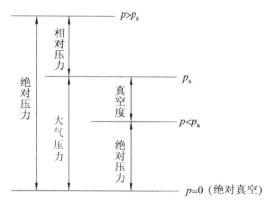

图 1-2　绝对压力、相对压力与真空度的关系

引导问题 3：机床液压传动系统中哪个元件控制液压缸的往复运动？画出其图形符号。

引导问题 4：机床液压传动系统中哪个元件可以调节液压缸的运动速度？画出其图形符号。

工作计划

工作任务分为两部分：一是利用软件对机床液压传动系统进行建模、仿真；二是观察液压设备，加深对液压传动系统工作原理的理解。制订工作计划时要遵循分工清晰、全员参与和以完成任务为目的的原则。同时，要兼顾操作过程中可能出现的安全问题，并进行 6S 管理。

提示

（1）列出本次工作任务中所用到的设备。

（2）分析任务，制定工作流程，完成工作计划流程表（见表 1-2），发送给指导教师审阅。

表 1-2 工作计划流程表

	工作计划流程表				
实训所需器材、元件	序 号	名 称	符 号	数 量	备 注
	1				
	2				
	3				
	4				
	5				
	6				
	7				
	8				
工作计划	序 号	工 作 步 骤	预计达成目标	责 任 人	备 注
	1				
	2				
	3				
	4				
	5				
	6				
	7				
	8				

优化决策

（1）各小组汇报各自的工作方案，教师根据各小组完成情况进行点评。

（2）各小组根据教师反馈进行讨论，完善工作方案。

具体实施

各小组严格按照分工开始工作，全员参与，操作应规范、安全。

1. 机床工作台液压传动系统搭建与仿真

各小组根据教师的指导，利用仿真软件搭建回路并进行模拟仿真，分析和理解液压传动系统的工作原理，掌握其图形符号。

提示

（1）注意软件的规范操作，正确搭建回路并进行仿真。

（2）注意换向阀图形符号的正确选择。

（3）改变节流阀开度，观察液压缸的运动变化。

2. 观察液压设备

观察实训室中的液压设备，加深对液压传动系统工作原理的理解，了解各元件的安装方法和作用，并指出液压传动系统中各组成部分的名称。

提示

（1）任务实施开始前，应做好充分准备，观察员负责分析工作，记录员负责对相关问题进行记录，技术员负责操作。

（2）使用本实训系统之前一定要了解液压实训准则和本实训系统的操作规程。实训过程要在指导教师的指导下进行，切勿盲目进行实训。未经教师同意，不能随意启动设备。

（3）注意观察各元件的外形、结构和各元件之间的连接方法。

（4）劳保用品穿戴要遵守行业规范，读懂相关安全标志并严格遵守安全操作规范。迅速、有效地处理操作过程中出现的问题，并进行6S管理。

3. 成果分享

随机抽取 2~3 个小组分别展示和讲解各自任务完成情况，讨论工作过程中出现的问题。针对问题，指导教师及时进行现场指导和分析。

4. 问题反思

引导问题5：在本次工作任务中，是否做到了6S管理？还有哪些不足？各小组成员是否做到了各尽其职？

引导问题6：各小组搭建的回路是否正确？能否正常仿真？遇到了哪些问题？

质量控制

引导问题7：利用软件进行建模仿真时，各元件如何连接起来？

引导问题8：各小组观察的液压设备是单泵系统还是双泵系统？

引导问题 9：简述液压设备的工作原理。

评价反馈

综合整个实训过程，结合任务实施过程中各组员的表现，落实 6S 管理工作。小组成员各自完成"自我评价"，组长和观察员完成"小组评价"，教师完成"教师评价"（见表 1-3），最终根据学生在任务实施过程中的表现，教师给予评价。

表 1-3 评价表

班级		姓名		学号		日期	
序号	考核项目	自我评价（15%）		小组评价（45%）		教师评价（40%）	汇总
职业素养考核项目（40%）	遵守安全操作规范						
	遵守纪律，团结协作						
	态度端正，工作认真						
	做好 6S 管理						
专业能力考核项目（60%）	能规范操作软件						
	能正确仿真回路						
	能正确说出回路中各元件的名称和作用						
	能正确指出液压设备各元件的名称						
	能简述液压设备的工作原理						
	能正确分析问题和得出结论						
合计							
总分及评价							

课后拓展

液压传动系统中的液压油未按规范进行更换，会造成什么影响？液压传动系统中的液压油如何选择？

学习情境相关知识点

一、机床工作台液压传动系统的工作原理

如图 1-3（a）所示，液压泵 17 通过原动机驱动，油箱 19 中的液压油开始被吸出，经过滤器 18 过滤后进入液压泵中产生压力油，压力油进入系统，通过开停阀 10 到节流阀 7 再到三位四通手动换向阀 5。当换向阀不工作时，阀芯处于中位，管道中油口均不相通，压力油无法进入液压缸 2 的两腔，工作台 1 不工作。工作台的运动速度通过节流阀来调节。节流阀开度可调大也可调小。调大时，经节流阀进入液压缸的压力油就增多，液压缸速度变快，工作台的运动速度就加快；调小时，经节流阀进入液压缸的压力油就减少，液压缸运动速度就减慢，工作台的运动速度就变慢。此外，液压泵出口处的系统压力通过溢流阀调节。

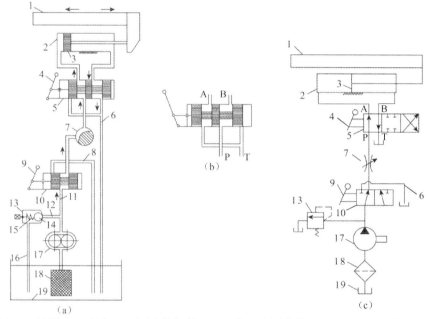

1—工作台；2—液压缸；3—活塞；4—换向阀操作手柄；5—三位四通手动换向阀；6、8、16—回油管；7—节流阀；
9—开停手柄；10—开停阀；11、12—压力管；13—溢流阀；14—钢球 15—弹簧；17—液压泵；18—过滤器；19—油箱

图 1-3 机床工作台的液压传动系统原理图

若使换向阀操作手柄 4 往右端动作，阀芯被推向右侧，右侧接入回路，油口 P 和 A 相通，B 和 T 相通，压力油由管道经油口 P 流入换向阀，再由油口 A 经管道流入液压缸的左腔，活塞 3 在压力油的推动下右移，通过活塞杆带动工作台向右运动，同时，液压缸右腔的液压油由管道经油口 B 流入换向阀，再由油口 T 经管道流回油箱。

若使换向阀操作手柄往左端动作，阀芯被移至左侧，左侧接入回路，油口 P 和 B 相通，A 和 T 相通，压力油由管道经油口 P 流入换向阀，再由油口 B 经管道流入液压缸的右腔，活塞在压力油的推动下左移，推动工作台向左移动，液压缸左腔的液压油由管道

经油口 A 流入换向阀,再由油口 T 经管道流回油箱。

工作过程中通过不断控制换向阀的阀芯左移或者右移改变油口的连通关系,实现控制工作台的往复运动。

由此可见,液压传动系统的组成如表 1-4 所示。

表 1-4 液压传动系统的组成

序号	组 成		作 用
1	动力元件	液压泵	是能量的输入装置,它将原动机输入的机械能转换成液体的压力能,向系统提供压力油
2	执行元件	液压缸、液压马达	是能量的输出装置,它把液体的压力能转换为机械能,克服负载,带动机械完成所需的动作
3	控制元件	各种控制阀,如压力阀、流量阀、方向阀等	用来控制液压传动系统所需的压力、流量、方向和工作性能,以保证执行元件实现各种不同的工作要求
4	辅助元件	各种管接头、油管、油箱、过滤器、蓄能器、压力表等	起连接、输油、储油、过滤、储存压力能、测量等作用,对保证液压传动系统可靠和稳定地工作,具有非常重要的作用
5	工作介质	液压油	液压油,是传递能量的介质,它直接影响着液压传动系统的性能和可靠性

要理解液压传动系统的工作原理,正确识读和理解液压传动系统原理图非常重要,图 1-1 是半结构式的结构原理图。在实际工作中,这种原理图直观性强、容易理解,但绘制麻烦。所以为了简化原理图的绘制,我国于 2009 年制定了国家标准 GB/T 786.1—2009《流体传动系统及元件图形符号和回路图第 1 部分:用于常规用途和数据处理的图形符号》,液压传动系统中各元件可用图形符号表示。对于职能符号,有如下基本规定:

(1)只表示元件的职能和控制方式及外部接口。

(2)符号不代表元件的具体结构、参数及接口的实际位置和元件的安装位置。

(3)元件符号均以元件的非激励状态(非工作状态)表示。

(4)有些液压元件无法用职能符号表示时,仍允许采用结构原理图表示。

(5)当由多个元件集成为一个元件时,可由点画线包围标出。

对比图 1-3 中(a)和(c),图(c)中各元件是用图形符号表示的,该图简单明了,绘制方便。

二、液压传动的优缺点

液压传动与机械传动、电气传动相比,具有以下优点:

(1)采用液压油作为传动介质,因此液压元件具有良好的润滑条件;液压油的流动可以带走设备的热量,从而起到冷却作用。

(2)液压传动能方便地将原动机的旋转运动变为直线运动;易于实现载荷控制、速度控制和方向控制,可以进行集中控制和实现自动控制。

(3)易于在运行过程中实现大范围的无级调速,且调速性能不受功率大小的限制。

(4)液压传动可以实现无间隙传动,因此传动平稳、操作省力、反应快,并能高速启动和频繁换向。

（5）易获得很大的力和转矩。

（6）质量小，体积小，运动惯性小，响应速度快；低速液压马达的低速稳定性要比电动机好得多。

（7）液压元件都是标准化、系列化和通用化产品，便于设计、制造和推广应用。

液压传动的主要缺点如下：

（1）液体具有一定的可压缩性，液压传动系统也不可避免地存在泄漏问题，因此液压传动无法保证严格的传动比。

（2）在传动过程中，由于能量需要经过两次转换，存在压力损失、容积损失和机械摩擦损失，因此总效率通常仅为 0.75～0.8。

（3）液压传动系统的工作性能和效率受温度的影响较大，液压传动系统在高温或低温环境下工作，存在一定的困难。

（4）工作液体对污染很敏感，污染后的工作液体对液压元件的危害很大，因此液压传动系统的故障比较难查找，对操作、维修人员的技术水平有较高要求。

（5）液压元件的制造精度、表面粗糙度以及材料的材质和热处理要求都比较高，因而其成本较高。

三、液体静力学基本方程式

在工程上常见的液体平衡是指液体相对于地球没有运动的静止状态，也就是只在重力作用下的情况。

静力学基本方程式：

$$p = p_0 + \rho g h$$

它说明：

（1）静止液体内任一点的压力由液体自重所引起的压力 $\rho g h$ 和液面上的压力 p_0 两部分组成。

（2）在静止液体中，压力随深度按线性规律变化。上式中变量仅为 p 和 h，而 $p=f(h)$ 为一次函数。

（3）在静止液体中，相同沉没深度（$h=$ 常数）各点处压力相等。也就是在同一个重力的连续作用下的静止液体的水表面都是等压面。但必须注意，这个结论只对互相连通的同一种液体才适用。

四、压力的传递

在密闭容器中，作用于静止液体任一点的压力可以等值地传递到液体内所有各点，这就是帕斯卡原理，或称静压力传递原理。

在液压传动系统中，通常由外力产生的压力要比液体自重产生的压力大得多。因此，常把液体自重产生的压力忽略不计，则液体内部各点的压力处处相等。我们以图 1-4 为例说明液压传动系统压力的形成。如图1-4所示，两个活塞的面积分别为A_1、A_2，在小活塞上施加外力F，在大活塞上有重力W，则小液压缸中液体的压力为$p_1=F/A_1$，大液压缸中液体的压力为$p_2=W/A_2$。根据帕斯卡原理，有$p_1=p_2$，故$W=A_2F/A_1$。该式表明，A_2/A_1越大，大活塞输出的力就越大。若重力$W=0$，则$p_2=0$。这时p_1必须为0，力F施加不上去，即负载为零时系统不承受压力。这说明，液压传动系统中的压力取决于负载。

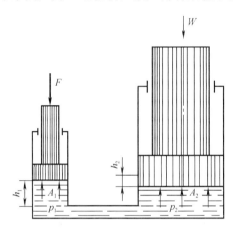

图1-4　液压传动原理

五、流量与平均流速

流量和平均流速是描述液体流动的两个主要参数。单位时间内通过某过流断面的液体的体积，称为体积流量（简称流量）。流量的常用代号为q_v，单位为m^3/s，实际中常用的单位为L/min或mL/s。

在实际中，液体在管道中流动时的速度分布规律为抛物线，计算比较困难。所以通常假设流体在过流断面上的流速v是均匀分布的，流过断面的流量等于液体实际流过该断面的流量。流速v称为过流断面上的平均流速，如果没有特别指出，通常所说的流速就是平均流速。于是有$q_v=vA$，故平均流速为

$$v=\frac{q_v}{A}$$

项目二　液压动力元件的工作原理与维护

工作任务　常见液压泵的拆装与故障分析

学习情境描述

液压泵是液压传动系统的重要组成部分，在设备中向系统提供压力油，是将电动机（或其他原动机）输出的机械能转换为液体压力能的一种能量转换装置，是系统的动力元件。

在液压传动系统中液压泵可能会出现振动、噪声、供油量不足、压力不够等故障现象，可能是由于液压泵机械故障引起，这时需要对液压泵进行拆装。掌握液压泵的工作原理和各类液压泵的结构特点，可以为液压泵的故障分析和排除打下基础。

关键知识点：各类液压泵的工作原理、结构和图形符号。

关键技能点：各类液压泵的规范拆装、故障分析和工具的正确选用。

学习目标

（1）掌握液压泵的种类、结构特点和图形符号。

（2）掌握液压泵的工作原理及各参数的含义。

（3）能对液压泵进行规范拆装、维护保养及故障分析。

（4）培养学生的自主学习能力和团结协作能力。

（5）培养学生良好的职业素养和6S能力。

任务书

利用项目一搭建的回路，改变液压泵的参数，观察系统执行元件的运动变化；对各类液压泵进行拆装，掌握其正确的拆装方法、结构特点和工作原理。

任务分组

根据班级人数和具体的实训要求对班级进行分组，填写小组信息表（见表2-1）。分组过程中注重人员的均衡分配，积极倡导学生实现自我管理，促使学生养成良好的学习习惯，提高学生的团队协作能力。

表 2-1　小组信息表

小　组　信　息					
班级名称		日期		指导教师	
小组名称		组长姓名		联系方式	
岗位分工	技术员	记录员	汇报员	观察员	资料员
组员姓名					

说明：组长负责统筹组织整个任务实施过程，技术员负责任务实施过程的操作，记录员负责过程记录工作，汇报员负责在分享信息时进行讲解汇报，观察员负责观察、总结过程中忽略的问题、组员的工作效率问题及记录任务完成度等，资料员负责收集各类信息。任务实施过程中可根据具体情况由多人分担同一岗位的工作或一人身兼多职，可在不同任务中进行轮岗。小组成员要团结协作、积极参与。

获取信息

引导问题 1：观察实训室中液压设备的泵属于哪类液压泵，并观察液压泵的铭牌，理解各参数的意义。

引导问题 2：液压泵在系统中的作用是什么？为什么能够完成吸油和压油工作？

引导问题 3：指出单向定量泵和双向变量泵的图形符号的不同之处。

拓展知识

液压泵的类型很多，按结构形式的不同，可分为齿轮式、叶片式、柱塞式和螺杆式等类型，按其排量能否调节可分为定量泵和变量泵两类。液压泵的图形符号如图 2-1 所示。

（a）单向定量液压泵　（b）单向变量液压泵　（c）双向定量液压泵　（d）双向变量液压泵

图 2-1　液压泵的图形符号

单柱塞容积式液压泵的工作原理如图 2-2 所示，柱塞 2 安装在泵体 3 内，形成密闭空间，柱塞在弹簧 4 的作用下与偏心轮 1 接触，当偏心轮被原动机带动不停地转动时，柱塞做左右往复运动。当柱塞向右运动时，柱塞在弹簧的作用下和泵体所形成的密闭空间的容积增大,形成局部真空,油箱中的液压油在大气压力作用下,经吸油管道再通过单向阀 6 进入泵体 V 腔,液压泵实现吸油。柱塞向左运动时密封空间容积减小,由于单向阀封住了吸油口,于是 V 腔的液压油经单向阀 5 流向系统,液压泵实现压油。偏心轮不停地转动,液压泵不断地吸油和压油。从上述液压泵的工作过程可以看出:

(1) 液压泵必须存在容积变化的密封空间来实现吸油和压油。

(2) 对于非封闭油箱,吸油过程中,油箱必须与大气接通,这是吸油的必要条件。

(3) 液压泵必须有配油装置,将吸油和压油的过程分开。图 2-2 中的单向阀 5、6 就起到了配油装置的作用。

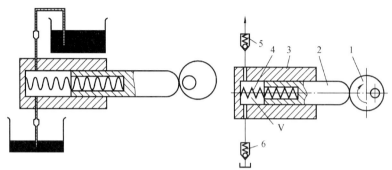

1—偏心轮;2—柱塞;3—泵体;4—弹簧;5、6—单向阀

图 2-2 液压泵的工作原理

引导问题 4: 完成下列填空题。

(1) 常见的液压泵有_____、_____、_____和_____,按其排量是否可调节,可分为_____和_____。

(2) 液压泵的最大工作压力应_____其公称压力,最大输出流量应_____其公称流量。

(3) 公称压力为 2.5MPa 的液压泵,其出口接油箱,则液压泵的工作压力为_____。

(4) 在齿轮泵中,为了_____,在齿轮泵的端盖上开困油卸荷槽。

(5) 在 CB-B 型齿轮泵中,减小径向不平衡力的措施是_____。

(6) 双作用叶片泵定子内表面的工作曲线由_____、_____和_____组成。

(7) 在 YB1 型叶片泵中,为了使叶片顶部和定子内表面紧密接触,采取的措施是_____。

(8) 变量叶片泵通过改变_____来改变输出流量。轴向柱塞泵通过改变_____来改变输出流量。

工作计划

工作任务分为两部分:一是利用项目一搭建的回路,改变液压泵的参数,观察系统执行元件的动态变化;二是选择正确的工具对常见的液压泵进行拆装,工具选择要准确,过程应规范。制订工作计划时要遵循分工清晰、全员参与和以完成任务为目的的原则。同时,要兼顾操作过程中可能出现的安全问题,并进行 6S 管理。

提示

（1）列出本次工作任务中所用到的器材的名称、符号和数量。

（2）分析任务，制定工作流程，完成工作计划流程表（见表2-2），发送给指导教师审阅。

（3）注意观察各类液压泵的外形特点，选用正确的工具进行拆装。

表2-2　工作计划流程表

	序号	名　称	符　号	数　量	备　注
实训所需器材、元件	1				
	2				
	3				
	4				
	5				
	6				
	7				
	8				
	序号	工作步骤	预计达成目标	责任人	备　注
工作计划	1				
	2				
	3				
	4				
	5				
	6				
	7				
	8				

引导问题 5：液压泵里积满油垢等杂质，应如何处理？

优化决策

（1）各小组汇报各自的工作方案，教师根据各小组完成情况进行点评。

（2）各小组根据教师反馈进行讨论，完善工作方案。

具体实施

各小组严格按照分工开始工作，全员参与，操作应规范、安全。

1. 观察液压泵的参数变化对系统工作的影响

各小组利用项目一搭建的回路，改变液压泵的压力和流量值，观察其变化对系统运行的影响，加深理解液压泵各参数的意义以及对系统工作的影响。

提示

参数数值设备幅度变化可大些，有利于观察。

2. 液压泵的拆装

各小组根据工作计划规范拆装液压泵，拆装过程中正确选择和使用工具，注意拆装工艺。观察液压泵的结构，加深理解其工作原理，最后结合拆装过程，总结拆装步骤和注意事项。

提示

（1）预先准备好拆装工具。
（2）拆卸时应注意做好记号。
（3）拆卸时螺钉应对称松卸。
（4）避免碰伤或损坏零件。
（5）注意各工具的正确使用，不能随意敲打。
（6）注意各液压泵的拆装顺序。

3. 成果分享

随机抽取2~3个小组讨论工作过程及过程中出现的问题。针对问题，指导教师及时进行现场指导和分析。

4. 问题反思

引导问题6：在本任务实施过程中，是否做到了6S管理，还有哪些不足？各小组成员是否做到了各尽其职？

引导问题7：装配完成后的液压泵能否灵活运转？

项目二 液压动力元件的工作原理与维护

引导问题 8：改变液压泵的流量，液压缸的运动有什么变化？

引导问题 9：总结各类液压泵在拆装时的注意事项。

质量控制

引导问题 10：拆卸齿轮泵时，端盖和泵体的接合较紧，应该如何拆卸？

引导问题 11：实训室中设备的液压泵的拆装步骤有哪些？（应该注意系统中的高压油）

引导问题 12：若柱塞式液压泵泵油压力不足，试分析原因。

评价反馈

综合整个实训过程，结合任务实施过程中各组员的表现，落实 6S 管理工作。小组成员各自完成"自我评价"，组长和观察员完成"小组评价"，教师完成"教师评价"（见表 2-3），最终根据学生在任务实施过程中的表现，教师给予评价。

表 2-3 评价表

班级		姓名	学号	日期	
序号	考核项目	自我评价（15%）	小组评价（45%）	教师评价（40%）	汇总
职业素养考核项目（40%）	遵守安全操作规范				
	遵守纪律，团结协作				
	态度端正，工作认真				
	做好 6S 管理				

续表

班级		姓名		学号		日期	
序号	考核项目	自我评价（15%）		小组评价（45%）		教师评价（40%）	汇总
专业能力考核项目（60%）	能正确设定回路参数						
	能正确选用拆装工具						
	拆装程序正确，工艺方法恰当，符合技术规范						
	能正确地对零件的外部进行检查和清洗						
	工具和零件的整理、摆放符合规范						
	能正确分析问题和得出结论	*					
合计							
总分及评价							

课后拓展

1. 查询资料，了解螺杆泵的结构、工作原理及应用。

2. 查询资料，了解什么是双联叶片泵、双联柱塞泵。

项目二 液压动力元件的工作原理与维护

◆ 学习情境相关知识点 ◆

一、液压泵的性能参数

(一)液压泵的压力

1. 额定压力

液压泵的额定压力是指液压泵在使用中允许达到的最大工作压力,超过此值就是过载。液压泵的公称压力应符合国家标准(GB/T 2346—2003)的规定。液压泵铭牌标注的就是此压力。

2. 最高工作压力

液压泵的最大工作压力是指液压泵在短时间内过载时所允许达到的极限压力。

3. 工作压力

液压泵的工作压力是指它实际工作时输出液压油的压力,其大小由负载决定,负载增大,工作压力增大;负载减小时,工作压力减小。

(二)转速

(1)额定转速是指在额定压力下,根据试验结果得出的,能保证液压泵长时间连续运转的转速。

(2)最高转速是指在额定压力下,为保证液压泵使用寿命和性能所允许的短暂运行转速。

(3)最低转速是指在额定压力下,为保证液压泵可靠工作所允许的转速。

(三)液压泵的排量和流量

1. 排量

排量是指液压泵在没有泄漏液压油的情况下泵轴每转一圈,由其密封空间容积变化计算而得的排出液体的体积。

2. 流量

(1)理论流量是指液压泵在没有泄漏液压油的情况下,在单位时间内由其密封空间容积的几何尺寸变化计算而得的排出液体的体积,工程上又称为空载流量。理论流量等于排量与其转速的乘积。

(2)实际流量是指液压泵工作时实际输出的流量,等于理论流量减去泄漏损失的流量。

(3)额定流量是指液压泵在额定转速和额定压力下的输出流量。

在转速不变的条件下,液压泵的输出流量可以改变的称为变量泵,不可改变的称为定量泵。

(四)液压泵的功率和效率

(1)液压泵的输入功率 P_m。驱动泵轴的机械功率称为液压泵的输入功率 P_m,其计算公式为

$$P_m = T \cdot 2\pi n$$

式中,T 为泵轴上的实际输入转矩;n 为泵轴的转速。

(2)液压泵的输出功率 P_y。液压泵输出的液压功率称为液压泵的输出功率 P_y,其计算公式为

$$P_y = pq$$

式中,p 为液压泵的工作压力;q 为液压泵的实际流量。

(3)液压泵的总效率 η。由于液压泵在能量转换时有能量损失(机械摩擦损失、泄漏流量损失),其输出功率 P_y 总是小于其输入功率 P_m。其总效率 η 为

$$\eta = \frac{P_y}{P_m} = \eta_m \eta_V$$

式中,η_m 为液压泵的机械效率;η_V 为液压泵的容积效率。

$$\eta_V = \frac{q}{q_t}$$

式中,q 为液压泵的实际流量;q_t 为液压泵的理论流量。

$$\eta_m = \frac{T_t}{T} = \frac{pV}{2\pi T}$$

式中,T_t 为液压泵泵轴的理论转矩;T 为液压泵泵轴的实际转矩;V 为液压泵的排量。

二、齿轮泵

齿轮泵广泛地应用在各种液压机械上,分为外啮合和内啮合两种。外啮合齿轮泵是应用广泛的一种齿轮泵,齿轮泵通常指的是外啮合齿轮泵。外啮合齿轮泵的优点:结构简单紧凑、体积小、质量小、工艺性好、价格便宜、自吸力强、对液压油污染不敏感、转速范围大,能耐冲击性负载,维护方便、工作可靠。外啮合齿轮泵的缺点:径向力不平衡、流动脉动大、噪声大、效率低,零件的互换性差,磨损后不易修复,不能用作变量泵。

1. 齿轮泵的工作原理

齿轮泵主要由主动齿轮、从动齿轮、泵体、端盖和安全阀等组成。主动齿轮和从动齿轮相互啮合,两齿轮与泵体、端盖共同形成上下两个密封的空腔,分别与吸油口和压油口相通。齿轮由原动机带动旋转,当主动轴带动齿轮按图示方向旋转时,在下方的吸油腔中,啮合的两轮齿逐渐脱开,工作腔容积逐渐增大,形成局部真空,油箱中的液压油在大气压力的作用下经吸油口进入吸油腔;然后,轮齿间的液压油随齿轮转动被带到上方压油腔,两齿轮的轮齿逐渐啮合,工作腔容积逐渐减小,被挤压的液压油经压油口输出。齿轮不停地转动,吸油腔不断地吸油,压油腔不断地压油,这就是齿轮泵的工作

原理，如图 2-3 所示。

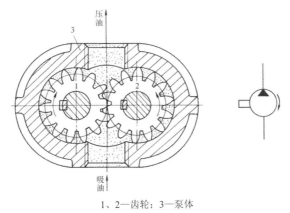

1、2—齿轮；3—泵体

图 2-3 齿轮泵的工作原理及定量泵的图形符号

2. 齿轮泵的结构特点

1）困油现象

实际工作时，为保证齿轮泵传动平稳，以及吸油腔、压油腔分隔开和泵供油的连续性，齿轮的重叠系数需要大于 1，但这样会出现两对齿轮同时啮合的情况，即在传动过程中前一对齿轮还没有退出啮合，后一对齿轮已经开始啮合，两对啮合的齿轮之间形成一个密封腔，部分液压油困在其中。齿轮转动时密封腔容积会不断减小和增大，当密封腔容积减小时，困油区的液压油受到挤压，产生高压，同时液压油温度升高，轴承和齿轮轴等会受到冲击；当密封腔容积增大时，困油区形成局部真空，产生气穴现象，泵产生噪声，这就是齿轮泵的困油现象，如图 2-4 所示。困油现象对齿轮泵的工作平稳性和使用寿命的影响极其严重。为了减轻影响，在侧板上开设卸荷槽，以防止振动和噪声的发生。

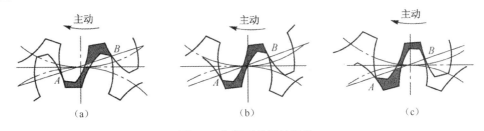

图 2-4 齿轮泵的困油现象

2）不平衡的径向力

齿轮泵工作时，压油腔的油压高于吸油腔的油压，齿轮外圆上的压力不是处处相等的，从压油腔开始沿齿轮外缘至吸油腔的每一个齿间内的油压依次递减，其径向压力分布情况如图 2-5 所示。这相当于齿轮受到了一个径向的作用力（不平衡力），使齿轮和轴承受负载，工作压力越大，径向不平衡力也越大，严重时能使泵轴弯曲，导致齿顶与壳体接触，同时加速轴承的磨损，影响齿轮泵的使用寿命。

减小径向不平衡力影响的措施：可在齿轮泵上采取缩小压油口的方法，减小压力油作用面积；适当增大径向间隙（泵体内表面和齿顶间隙）；开径向力平衡槽，如图 2-6 所示。

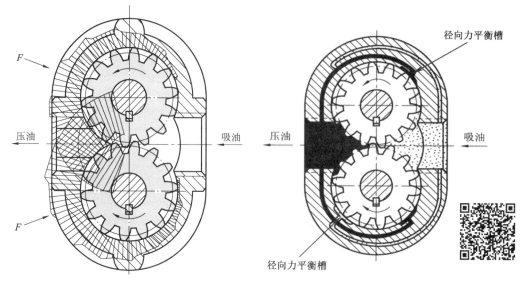

图 2-5　齿轮泵不平衡的径向力　　　　图 2-6　齿轮泵径向力平衡槽

3）泄漏途径

齿轮泵内部压力油从高压区向低压区泄漏的途径：①通过齿轮啮合处泄漏，其泄漏量很少，一般不予考虑；②通过齿顶和泵体内孔间的径向间隙泄漏；③通过齿轮端面与侧盖板之间的轴向间隙泄漏，泄漏量占总泄漏量的 70%～80%，是目前影响齿轮泵压力提高的主要原因。在中高压齿轮泵中对轴向间隙泄漏采用自动补偿装置。

三、叶片泵

叶片泵广泛应用于机床、自动化生产线等中低压系统。按其排量是否可变，叶片泵分为定量叶片泵和变量叶片泵；按其转子转一周吸、排油的次数，叶片泵可分为单作用叶片泵和双作用叶片泵。叶片泵的主要优点是结构紧凑、外形尺寸小、工作平稳、流量脉动及噪声小，缺点是结构复杂、吸油特性差，对液压油的污染较敏感。

（一）单作用叶片泵

1. 单作用叶片泵的工作原理

如图 2-7 所示，单作用叶片泵主要由转子泵轴 1、转子 2、叶片 3、定子 4、压油腔 5、吸油腔 6 及泵体等组成。转子和定子具有偏心距 e。转子上均匀布槽，叶片安装在转子槽内，并可在槽内滑动，定子具有圆柱形的内表面。在转子转动时，叶片在离心力的作用下贴紧定子内表面，于是两相邻叶片、配油盘、定子和转子间便形成了若干个密封的工作腔。当转子按逆时针方向（见图 2-7）旋转时，下方的叶片向外伸出，密封工作腔的容积逐渐增大，产生真空，于是通过吸油口和配油盘上窗口（吸油窗口）将油吸入。上方的叶片随着定子内表面往里缩进，密封工作腔的容积逐渐缩小，密封工作腔中的液压油经配油盘另一窗口（压油窗口）和压油口被压出到系统中。在吸油窗口和压油窗口之间有一段封油区，把吸油腔和压油腔隔开。

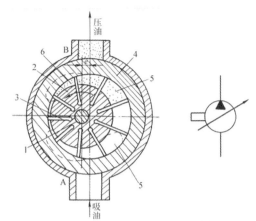

1—泵轴；2—转子；3—叶片；4—定子；5—压油腔；6—吸油腔

图 2-7　单作用叶片泵的工作原理及变量泵图形符号

这种泵在转子转一周的过程中，吸油、压油各一次，故称单作用泵。由于转子受到径向液压不平衡作用力，故这种泵又称非平衡式泵，其轴承的负载较大。改变定子和转子间的偏心距 e，便可改变这种泵的排量，故这种泵是变量泵。

2. 限压式变量叶片泵的工作原理

变量叶片泵是在单作用叶片泵的基础上加一套变量机构形成的，其工作原理是改变定子和转子间偏心距的大小和方向。按其改变偏心距方式的不同，变量叶片泵又有手调式变量泵和自动调节式变量泵之分，自动调节式变量泵又有限压式变量泵、稳流量式变量泵等多种形式。

图 2-8 为限压式变量叶片泵的工作原理图。转子 3 的中心 O_1 固定，定子 2 可以左右移动，定子在左端限压弹簧 1 的作用下被推向右端，紧靠在活塞 5 的左端面上，使定子和转子两中心之间产生原始偏心距 e，调节螺钉 6 的位置可以改变 e。工作时泵出口的压力油经泵体内通道作用于活塞的右端面上，当泵的工作压力 p 小于额定压力时，定子不移动，此时偏心距最大，泵输出流量最大；当泵的工作压力 p 大于额定压力时，限压弹簧被压缩，定子开始左移，偏心距减小，密封腔容积变化量变小，泵输出流量也减小。工作压力越高，偏心距就越小，泵的输出流量也越小。当工作压力达到截止压力时，定子移到最右端，偏心距最小，泵的输出流量为零。但由于泵存在泄漏问题，偏心距没有达到最小时，泵的实际流量已经为零，即使外负载继续加大，泵的输出压力也不再升高，所以这种泵称为限压式变量叶片泵。图 2-8 中螺钉 7 用来调节泵的最大流量，螺钉 6 用来调节限定压力。

限压式变量叶片泵的流量与压力特性曲线如图 2-9 所示。图 2-9 中 AB 段表示工作压力 p 小于额定压力 p_B 时，流量最大而且基本保持不变，由于存在泄漏问题，输出流量小于理论流量。B 点为拐点，表示泵输出最大流量时可达到的最大工作压力，通过调节螺

钉可改变 p_B。图 2-9 中 BC 段显示,当工作压力大于额定压力时,流量减小,直到 C 点时,输出流量为零。

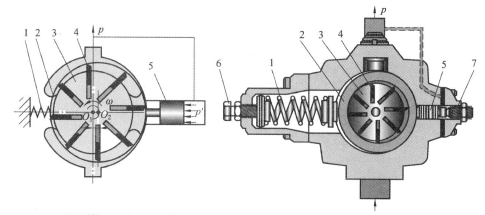

1—限压弹簧;2—定子;3—转子;4—叶片;5—活塞;6—压力调节螺钉;7—流量调节螺钉

图 2-8　限压式变量叶片泵的工作原理图

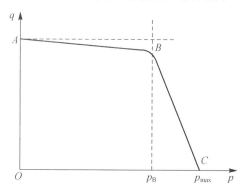

图 2-9　限压式变量叶片泵的流量与压力(压强)特性曲线

(二) 双作用叶片泵

1. 双作用叶片泵的工作原理

双作用叶片泵的工作原理如图 2-10 所示。双作用叶片泵主要由定子 1、转子 2、叶片 3、泵体及配油盘等组成。与单作用叶片泵不同,转子和定子同心安放,且定子内表面由两段长半径圆弧、两段短半径圆弧及四段过渡曲线组成。叶片安装在转子槽内,并可在槽内径向滑动。在配流盘上,定子内表面的四段过渡曲线位置开有配流窗口,其中两个窗口与吸油口相通,为吸油窗口;其余两个窗口与压油口相通,为压油窗口。当转子按图 2-10 所示方向运动时,叶片在自身离心力和根部压力油的作用下,紧贴定子内表面,转子、定子、叶片和配油盘之间就形成了若干个密封的工作腔。当相邻两叶片由短半径处向长半径处转动时,两叶片间的工作腔容积逐渐增大,形成局部真空而吸油,当相邻两叶片由长半径处向短半径处转动时,两叶片间的工作腔容积逐渐减小而压油。转子转一周,两相邻叶片间的工作腔完成两次吸油和压油,所以称为双作用叶片泵。

从双作用叶片泵的结构可以看出,两个吸油口和两个压油口对称分布,径向压力平衡，轴承上不受附加载荷作用，所以又称为卸荷式叶片泵，又因为其排量不可变，所以又称为定量叶片泵。双作用叶片泵也存在流量的脉动，但比单作用叶片泵要小得多，在叶片数（z）为 4 的倍数时最小，一般取 $z=12$ 或 $z=16$。一般为了避免压力角过大造成叶片滑动困难或卡滞，通常叶片槽相对转子半径旋转方向会前倾一定角度，一般取 13°。

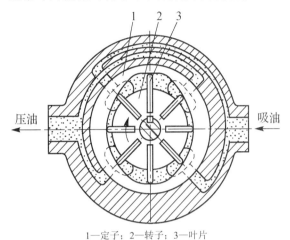

1—定子；2—转子；3—叶片

图 2-10　双作用叶片泵的工作原理

有的双作用叶片泵，叶片槽与该叶片所处的密封腔相通，叶片处在吸油腔时，叶片槽与吸油腔相通；叶片处在压油腔时，叶片槽与压油腔相通。叶片在叶片槽中往复运动时，其根部槽也相应地吸油或压油，这一部分输出的液压油，正好补偿了由叶片厚度所造成的排量损失。

2. 配油盘

如图 2-11 所示，配油盘的上、下两缺口 b 为吸油口，两个腰形孔 a 为压油口，相隔部分为封油区域。在腰形孔端开有三角槽，它的作用是使叶片间的密封腔逐步与高压腔相通，以避免产生液压冲击。在配油盘上对应于叶片根部位置开有一环形槽 c，环形槽内有两个小孔 d 与配油盘另一侧的压油口 a 相通，引入的压力油作用于叶片底部，保证叶片紧贴定子内表面，保证可靠密封。

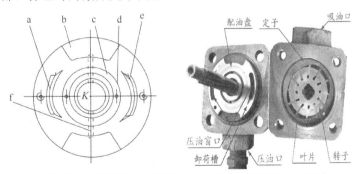

a—压油口；b—吸油口；c—环形槽；d—小孔；e—卸荷槽；f—泄漏孔

图 2-11　叶片泵配油盘

四、柱塞泵

柱塞泵是利用柱塞在缸体的柱塞孔中做往复运动时产生的密封工作腔的容积变化来实现泵吸油和压油的。柱塞泵常用于高压、大流量及流量需要调节的液压机、工程机械、大功率机床等液压传动系统中,其优点是结构紧凑、压力高、效率高及流量调节方便等,但结构复杂、价格高,对液压油的污染敏感。柱塞泵一般分为轴向柱塞泵和径向柱塞泵两种。

（一）径向柱塞泵的工作原理

如图 2-12 所示,径向柱塞泵由配油铜套 1、转子 2、定子 3、柱塞 4 和配油轴 5 组成。转子上均匀布置径向孔,柱塞可在孔内滑动。配油铜套和转子紧密配合,并套装在配油轴上。

配油轴固定不动,转子连同柱塞由电动机驱动。在离心力的作用下,柱塞会紧压在定子的内表面上。由于定子和转子间存在偏心距 e,当转子按图 2-12 所示方向工作时,上半周的柱塞从内向外伸出,其底部的密封腔容积逐渐增大,产生局部真空,通过固定在配油轴上的窗口开始吸油。当柱塞处于下半周时,柱塞底部的密封腔容积逐渐减小,通过在配油轴上的窗口压油。转子每转一周,每个柱塞各吸油、压油一次。改变定子和转子之间的偏心距,泵的输出流量也改变,因此径向柱塞泵可用作变量泵。若改变偏心距的方向,吸油口和压油口互换,径向柱塞泵则为双向变量泵。

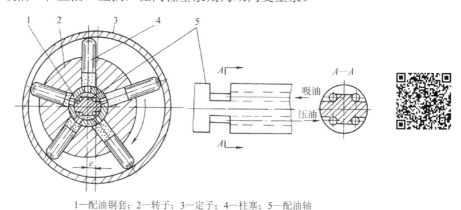

1—配油铜套；2—转子；3—定子；4—柱塞；5—配油轴

图 2-12 径向柱塞泵的工作原理

（二）轴向柱塞泵

如图 2-13 所示,轴向柱塞泵由缸体 1、配油盘 2、柱塞 3、斜盘 4、传动轴 5、弹簧 6 等零件组成。柱塞与传动轴中心线平行,并均布在缸体的圆周上。斜盘法线和传动轴中心线间的交角为 γ。柱塞在弹簧或者液压力的作用下与斜盘靠牢；当缸体转动时,由于斜盘受弹簧或液压力的作用,迫使柱塞在缸体内做往复运动,通过配油盘上的窗口进行吸油和压油。当柱塞孔自最高位置按图 2-13 所示方向转动时,柱塞向左运动,柱塞端部容积增大,泵通过配油盘压油窗口压油。当柱塞孔自最低位置转动时,柱塞向右运动,柱塞被斜盘逐步压入缸体,柱塞端部和缸体形成的密封腔容积减小,泵通过配油盘的吸油窗口吸油;若改变斜盘倾角γ的大小,则泵的输出流量改变;若改变斜盘倾角γ的方向,则吸油口和压油口互换,即双向轴向柱塞变量泵。

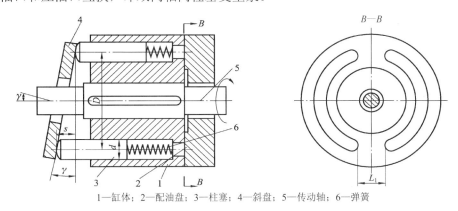

1—缸体;2—配油盘;3—柱塞;4—斜盘;5—传动轴;6—弹簧

图 2-13 轴向柱塞泵工作原理图

柱塞泵中构成密封腔的零件为圆柱形的柱塞和柱塞孔,这两个零件加工方便,可以实现较高精度的配合,因此柱塞泵在高压工作时仍有较高的容积效率,且易于实现变量调节,所以柱塞泵一般用于高压、大流量、大功率和流量需要调节的场合。

在液压传动系统中,应根据设备的工作压力、流量、工作性能、工作环境来合理选择液压泵的类型和规格,还应考虑系统发热和经济性等要求。

五、液压泵常见故障及排除方法

液压泵常见故障及排除方法如表 2-4 所示。

表 2-4 液压泵常见故障及排除方法

液压泵种类	故障现象	故障分析	排除方法
齿轮泵	振动与噪声	密封不严	维修泵体与泵盖的平面
		泵轴上密封圈老化	按标准更换密封圈
		油箱内油少,泵吸空	按标准加注液压油
		回油管露出液面,瞬间负压,使空气反灌入系统	将回油管插至液面以下
		吸油口阻力大	清洗过滤器或加大过滤量
	机械原因产生的振动与噪声	泵与联轴器同轴度不标准	调节到标准数据要求
		泵内滚针轴承运转不畅	更换轴承
		进油过滤器被堵	清洗过滤器
		液压油黏度大,产生噪声	选用合适的液压油
	泵输出流量不足,压力上不去	吸油口堵塞,泵吸空而流量不足	清洗过滤器
		泵内泄漏大而流量小	维修模盖与齿轮端面或换泵
		液压油黏度过高,吸油阻力大或黏度过低,内泄量大	选用合适的液压油

续表

液压泵种类	故 障 现 象	故 障 分 析	排 除 方 法
叶片泵	输油量不足，油压不高	各连接处密封不严，吸入空气	检查吸油口及连接处
		泵吸油不顺畅	清洗过滤器，定期更换液压油，并加油至油标以上规定线
		泵内部零件磨损过大，内泄	更换叶片泵
	噪声与振动严重	空气侵入	详细检查吸油管和油封的密封情况及油面的高度是否正常
		液压油黏度过高	适当降低液压油黏度
		转速过高	适当降低转速
		吸油不畅或油面过低	清洗吸油管，使之畅通，或加油至要求高度
		联轴器不同轴或松动	调整相关部件
柱塞泵	泵输出流量不足或无流量输出	泵吸入量不足	油箱油面过低，油温过高，吸油管漏气，过滤器堵塞等
		泵泄漏量过大	内部密封不良，需更换泵
	泵输出流量波动大	有异物吸入泵内部	柱塞拉伤造成
	泵输出压力不上升	溢流阀有故障或调定油压过低；泵内部零件磨损或拉伤造成内泄量过大	检修更换溢流阀或重新调整溢流阀；更换柱塞泵
	振动和噪声	泵轴和电动机不同心，轴承、联轴器有磨损，装配螺钉松动等	对泵轴、轴承、联轴器等进行检查，按照标准进行维修

项目三　液压执行元件的工作原理与维护

工作任务　液压执行元件的拆装与故障分析

学习情境描述

液压执行元件是将液体的压力能转换为机械能的能量转换装置,主要包括液压缸和液压马达。液压缸输出的通常为推力(或拉力)与直线运动速度,而液压马达输出转矩和转速。在液压传动系统中执行元件主要连接工作装置,带动工作装置完成相应的动作,如果执行元件出现故障,会直接影响设备的正常使用。本任务通过拆装执行元件,使学生了解执行元件的结构和工作原理,为执行元件的故障分析和排除打下基础。

关键知识点:执行元件的工作原理和图形符号。

关键技能点:执行元件的规范拆装、故障分析和工具的正确选用。

学习目标

(1)掌握液压执行元件的种类、结构特点和图形符号。

(2)掌握液压执行元件的工作原理。

(3)能对液压执行元件进行规范拆装、维护保养及故障分析。

(4)培养学生的自主学习能力和团结协作能力。

(5)培养学生良好的职业素养和 6S 能力。

任务书

通过对执行元件进行拆装,掌握其正确拆装方法、结构特点和工作原理。

任务分组

根据班级人数和具体的实训要求对班级进行分组,填写小组信息表(见表3-1)。分组过程中注重人员的均衡分配,积极倡导学生实现自我管理,促使学生养成良好的学习习惯,提高学生的团队协作能力。

表 3-1　小组信息表

小 组 信 息					
班级名称		日期		指导教师	
小组名称		组长姓名		联系方式	
岗位分工	技术员	记录员	汇报员	观察员	资料员
组员姓名					

说明:组长负责统筹组织整个任务实施过程,技术员负责任务实施过程的操作,记录员负责过程记录工作,汇报员负责在分享信息时进行讲解汇报,观察员负责观察、总

结过程中忽略的问题、组员的工作效率问题及记录任务完成度等,资料员负责收集各类信息。任务实施过程中可根据具体情况由多人分担同一岗位的工作或一人身兼多职,可在不同任务中进行轮岗。小组成员要团结协作、积极参与。

获取信息

引导问题 1:完成下列填空题。

(1)根据结构特点,液压缸可分为_____、_____和_____三种类型。

(2)活塞式液压缸按结构又可分为_____液压缸和_____液压缸,其安装固定方式有_____固定和_____固定两种。

(3)排气装置应设在液压缸的_____。

(4)液压马达按结构形式可分为_____、_____和_____三种类型;按其旋转速度可分为_____马达和_____马达。

引导问题 2:液压执行元件包括哪两种?各有什么特点?

引导问题 3:观察实训室中液压设备的执行元件,其在设备中起到什么作用?

引导问题 4:液压传动系统中的执行元件出现爬行、发热等故障现象,如何排除?

拓展知识

液压传动系统在安装过程中或长时间停止工作后会渗入空气,液压油中也会混有空气,这些空气会使液压缸工作不平稳,空气具有可压缩性,会使执行元件出现爬行、振动和噪声等现象,压力增大时还会造成局部高温,影响液压传动系统的正常工作。为了排除积留在液压缸内的空气,可采取以下两种措施。

(1)对于要求不高的液压缸,可不设专门的排气装置,而是将油口布置在缸筒两端的最高处。

(2)对于速度稳定性要求较高的液压缸和大型液压缸,常在液压缸的最高处设置专门的排气装置,如排气阀和排气塞等。当拧松排气塞螺钉时,带有气泡的液压油就会排出,等空气排完拧紧螺钉,液压缸就可以恢复正常工作。

引导问题 5:图 3-1 所示的串联液压缸中,左液压缸和右液压缸的有效工作面积分别为 $A_1=100\text{cm}^2$,$A_2=80\text{cm}^2$,两液压缸的外负载分别为 $F_1=25\text{kN}$,$F_2=15\text{kN}$,输入流量

q_1=15L/min,求:

(1) 液压缸的工作压力。

(2) 活塞的运动速度。

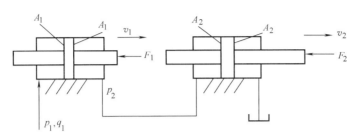

图 3-1　串联液压缸

引导问题 6：某液压传动系统中液压缸密封圈故障导致液压油泄漏，如何更换密封圈？更换时有哪些注意事项？

工作计划

对执行元件进行拆装，工具选择要正确，过程应规范。制订工作计划时要遵循分工清晰、全员参与和以完成任务为目的的原则。同时，要兼顾操作过程中可能出现的安全问题，并进行 6S 管理。

提示

（1）列出本次工作任务中所用到的器材的名称、符号和数量。

（2）分析任务，制定工作流程，完成工作计划流程表（见表 3-2），发送给指导教师审阅。

（3）注意观察各类液压执行元件的外形，选用正确的工具进行拆装。

表 3-2　工作计划流程表

工作计划流程表					
	序　号	名　称	符　号	数　量	备　注
实训所需器材、元件	1				
	2				
	3				
	4				
	5				
	6				
	7				
	8				

续表

工作计划	工作计划流程表				
	序 号	工 作 步 骤	预计达成目标	责 任 人	备 注
	1				
	2				
	3				
	4				
	5				
	6				
	7				
	8				

优化决策

（1）各小组汇报各自的工作方案，教师根据各小组完成情况进行点评。

（2）各小组根据教师反馈进行讨论，完善工作方案。

具体实施

各小组严格按照分工开始工作，全员参与，操作应规范、安全。

1. 液压执行元件的拆装

各小组根据工作计划拆装执行元件，拆装过程中正确选择和使用工具，注意拆装方法。观察液压执行元件的结构，加深理解其工作原理，最后结合拆装过程，总结拆装步骤和注意事项。

提示

（1）装配前清洗各零件，在各运动配合表面上涂润滑油。

（2）安装时按拆卸的反向顺序装配，注意不要漏件。

（3）拆卸时螺钉应对称松卸。

（4）避免碰伤或损坏零件。

（5）注意各工具的正确使用，不能随意敲打。

（6）注意各类执行元件的拆装顺序。

2. 成果分享

随机抽取 2~3 个小组讨论工作过程及过程中出现的问题。针对问题，指导教师及时进行现场指导和分析。

3. 问题反思

引导问题 7：装配完成后的液压马达和液压缸能否灵活动作？

引导问题 8：分析叶片泵和叶片马达的结构和原理，两者有什么区别？

引导问题 9：总结各类液压缸在拆装时的注意事项。

质量监控

引导问题 10：如图 3-2 所示，标注液压缸的结构。

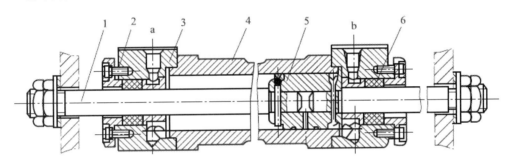

图 3-2 液压缸的结构

引导问题 11：若液压缸活塞杆有伤痕或表面损伤，会对液压缸造成什么影响？

引导问题 12：试根据轴向柱塞式液压马达的结构和工作原理，分析该液压马达输出转速低和功率不高的原因。

评价反馈

综合整个实训过程,结合任务实施过程中各组员的表现,落实 6S 管理工作。小组成员各自完成"自我评价",组长和观察员完成"小组评价",教师完成"教师评价"(见表 3-3),最终根据学生在任务实施过程中的表现,教师给予评价。

表 3-3 评价表

班级		姓名		学号		日期	
序号	考核项目	自我评价(15%)		小组评价(45%)		教师评价(40%)	汇 总
职业素养考核项目(40%)	遵守安全操作规范						
	遵守纪律,团结协作						
	态度端正,工作认真						
	做好 6S 管理						
专业能力考核项目(60%)	能正确选用拆装工具						
	拆装程序正确						
	工艺方法恰当,符合技术规范						
	能正确地对零件外部进行检查和清洗						
	工具和零件的整理、摆放符合规范						
	能正确分析问题和得出结论						
合计							
总分及评价							

课后拓展

利用软件建模,模拟单活塞杆液压缸差动连接,观察液压缸的运动状态,加深理解差动连接工作原理。

项目三 液压执行元件的工作原理与维护

◆ 学习情境相关知识点 ◆

一、液压马达

液压马达是将液体的压力能转换为机械能的能量转换装置。从原理上讲，液压马达和液压泵是互逆的，结构上两者也基本相同，但由于功能的不同，两者还是有差别的。除个别齿轮泵和柱塞泵可作为液压马达使用外，一般液压泵不作为液压马达使用。液压马达按其旋转速度可分为高速马达和低速马达。额定转速高于 500r/min 的属于高速马达，低于 500r/min 的属于低速马达。液压马达按其结构形式可分为齿轮式、叶片式和柱塞式三种类型。

（一）轴向柱塞式液压马达

轴向柱塞式液压马达的工作原理如图 3-3 所示。轴向柱塞式液压马达主要由斜盘 1、柱塞 2、缸体 3、配油盘 4 等零件组成。斜盘和配油盘固定不动，缸体可绕缸体的水平轴线旋转。当压力油经配油盘进入柱塞底部时，柱塞在压力油的作用下向外顶出，并紧紧压在斜盘上，这时斜盘对柱塞的反作用力为 F，由于斜盘存在倾斜角度 γ，所以 F 可分解为两个分力，一个是轴向分力 F_x（和作用在柱塞上的液压力相平衡），另一个是分力 F_y（对缸体轴线产生力矩，带动缸体旋转）。缸体再通过主轴（图 3-3 中未标明）向外输出转矩和转速。

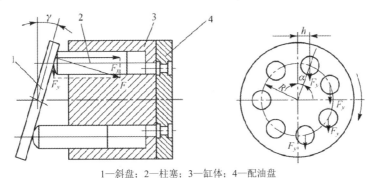

1—斜盘；2—柱塞；3—缸体；4—配油盘

图 3-3 轴向柱塞式液压马达的工作原理图

（二）叶片式液压马达

图 3-4 为叶片式液压马达的工作原理图。当压力油进入压油腔后，在叶片 1、3 上一侧有压力油，另一侧有低压回油。由于叶片 3 伸出的面积大于叶片 1 伸出的面积，所以液体作用在叶片 3 上的作用力大于作用在叶片 1 上的作用力，由于作用力不等而使叶片带动转子做逆时针方向旋转。与此同时，液体作用在叶片 7 上的作用力也大于作用在叶片 5 上的作用力，也使叶片带动转子做逆时针方向旋转。故液压马达以逆时针方向旋转输出转矩和转速。叶片式液压马达的最大特点是体积小、惯性小，可用于换向频率高的场合。但是这种马达泄漏量大，低速工作不稳定，可用于对惯性要求较低的随动系统和

转速高、转矩小、要求动作敏捷的场合。

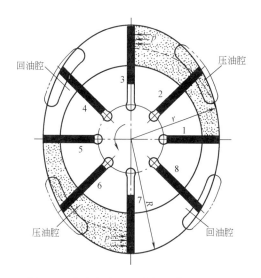

图 3-4　叶片式液压马达的工作原理图

（三）齿轮式液压马达

齿轮式液压马达密封性差，容积效率低，输入油压不能太高，无法产生较大转矩，而且瞬间转速和转矩会随着啮合点位置的变化而变化，故一般齿轮式液压马达只用于工程机械、农业机械等对转矩要求不高的机械设备上。

（四）液压马达的主要参数

液压马达的压力、排量、流量等性能参数与液压泵同类参数有相似含义，其差别在于，液压泵的输出参数在液压马达中是输入参数。液压马达的主要参数是输出转矩和转速。

转速：
$$n_m = \frac{q_M}{V_M} \cdot \eta_{MV}$$

转矩：
$$T = \frac{P_M V_M}{2\pi} \eta_{Mm}$$

式中，V_M 为液压马达的排量；P_M 为液压马达的输入功率；q_M 为液压马达的输入流量；η_{Mm} 为液压马达的机械效率；η_{MV} 为液压马达的容积效率。

二、液压缸

液压缸也是一种执行元件，根据结构特点，液压缸可分为活塞式、柱塞式和摆动式三种类型。活塞式液压缸和柱塞式液压缸输出的通常为推力（或拉力）与直线运动速度，而摆动式液压缸可以输出小于 360° 的往复摆动。液压缸按作用方式的不同分为单作用式液压缸和双作用式液压缸。单作用式液压缸中油压只能使柱塞或者活塞沿单方向运动，复位靠外力（弹簧力或自重）实现；双作用式液压缸中油压可使柱塞或活塞实现两个方向的运动。

(一)活塞式液压缸的工作原理和结构

活塞式液压缸按结构可分为双活塞杆液压缸和单活塞杆液压缸,其安装固定方式有缸体固定和活塞杆固定两种。

1. 双活塞杆液压缸

图 3-5(a)为双活塞杆液压缸结构简图,因为双活塞杆液压缸两端都有直径相同的活塞杆伸出,所以液压缸两端的有效作用面积相等。当输入流量相同时,两个方向的运动速度相等;当输入油压相等时,两个方向产生的作用力相等,液压缸两腔不断交替输入压力油,液压缸就可实现往复运动。双活塞杆液压缸的图形符号如图 3-5(b)所示。

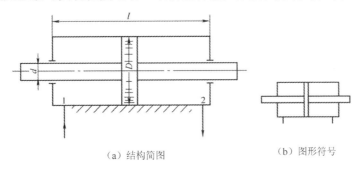

(a)结构简图　　　(b)图形符号

图 3-5　双活塞杆液压缸的结构简图和图形符号

由于活塞两端有效面积相等,如果供油压力和流量不变,那么活塞做往复运动时两个方向的作用力和速度均相等,即

$$F = p \cdot A = \frac{p\pi(D^2 - d^2)}{4} \qquad v = \frac{q}{A} = \frac{4q}{\pi(D^2 - d^2)}$$

式中,F 为活塞(或缸体)上的作用力;v 为活塞的运动速度;p 为供油压力;q 为供油流量;A 为活塞的有效面积;D 为活塞的直径;d 为活塞杆的直径。

如图 3-6 所示,双活塞杆液压缸的安装固定方式有缸体固定和活塞杆固定两种。缸体固定方式下,工作台运动范围约等于液压缸有效行程的 3 倍,因而其占地面积较大,一般用于小型机床。活塞杆固定方式下,工作台运动范围约等于液压缸有效行程的 2 倍,其占地面积较小,可用于中大型机床。

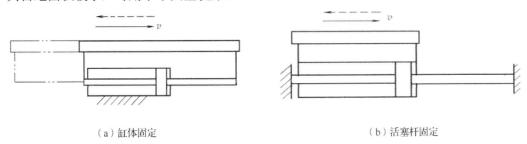

(a)缸体固定　　　　　　　　　(b)活塞杆固定

图 3-6　双活塞杆液压缸的安装固定方式

2. 单活塞杆液压缸

单活塞杆液压缸只有一端有活塞杆伸出，由于两端有效作用面积不等，在输入相同流量和压力的压力油时，活塞往复运动产生的运动速度和液压力都不相等。进油口和出油口都可以进、排油，实现双向的往复运动，其工作原理与双活塞杆液压缸相同。

如图 3-7 所示，当供给液压缸的流量 q 一定、供油压力 p 一定、回油压力为零时，活塞两个方向的运动速度、两个方向的作用力为

以无杆腔进油时： $v_1 = \dfrac{q}{A_1} = \dfrac{4q}{\pi d^2} \qquad F_1 = p \cdot A_1 = p \cdot \dfrac{\pi}{4} D^2$

以有杆腔进油时： $v_2 = \dfrac{q}{A_2} = \dfrac{4q}{\pi(D^2 - d^2)} \qquad F_2 = p \cdot A_2 = p \cdot \dfrac{\pi}{4}(D^2 - d^2)$

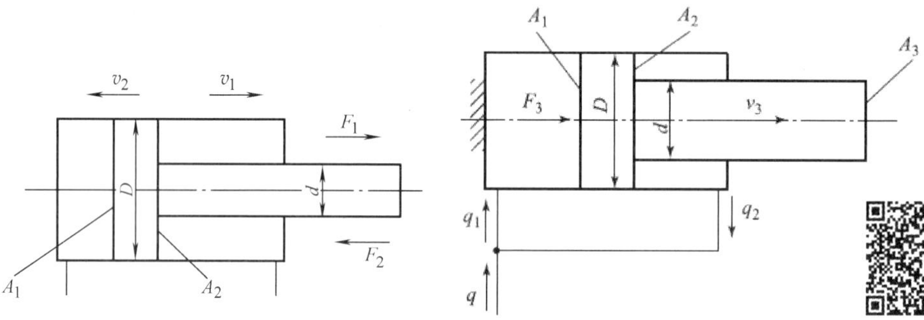

图 3-7 单活塞杆液压缸和差动连接

单活塞杆液压缸的左右两腔相互接通并同时输入压力油时，称为差动连接。由于差动连接时液压缸无杆腔受力面积大于有杆腔受力面积，使得活塞上向右的作用力大于向左的作用力，故活塞向右移动，并使有杆腔的液压油流入无杆腔，如图 3-7 所示。差动连接时作用力和速度为

$$F_3 = p \cdot A_3 = p \cdot \dfrac{\pi}{4} d^2 \qquad v_3 = \dfrac{q}{A_3} = \dfrac{4q}{\pi d^2}$$

式中，A_3 为活塞两端有效面积之差，即活塞杆的截面积。

差动连接的特点：由上可见，活塞的运动速度 v_3 大于非差动连接时的速度 v_1，推力 $F_3 < F_1$，因此，在实际生产中，单活塞杆液压缸的差动连接常用在需要实现快进、快退的工作循环液压传动系统中。若要求快进与快退的速度相等，可以通过选择 D 与 d 的尺寸来实现，D 与 d 的关系为 $d=0.7D$。

3. 单作用单杆活塞式液压缸

图 3-8 为弹簧复位的单作用单杆活塞式液压缸结构示意图，液压力只能在进油腔一侧对活塞加压，因此活塞只能单方向做功。这种液压缸回程一般靠自重、弹簧或负载实现，须克服液压缸内、各管道和阀内摩擦力实现回油。这种液压缸用于只要求单方向做功的场合。

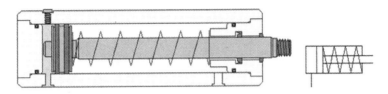

图 3-8　弹簧复位的单作用单杆活塞式液压缸结构示意图

（二）柱塞缸

图 3-9 为柱塞缸的结构示意图，由于柱塞运动时由端盖上的导向套来导向，柱塞和缸体内壁有一定间隙，不接触，因此缸体内孔只需粗加工甚至可以不加工，工艺性好，相比其他形式的液压缸，更适宜用作长行程液压缸。它也是一种单作用液压缸，即靠液压力只能实现一个方向的运动，回程要靠自重（当液压缸垂直放置时）或弹簧等其他外力来实现。为了得到双向运动，柱塞缸可成对使用，如图 3-10 所示。

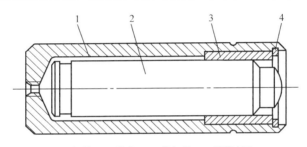

1—缸体；2—柱塞；3—导向套；4—弹簧卡圈

图 3-9　柱塞缸的结构示意图

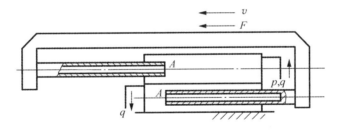

图 3-10　柱塞缸成对使用

（三）摆动式液压缸

摆动式液压缸又称为摆动式液压马达，能够输出转矩并实现往复摆动，有单叶片、双叶片两种形式。图 3-11（a）所示为单叶片摆动式液压缸，定子块固定在缸体上，叶片和摆动轴连接在一起。当压力油进入摆动式液压缸时，压力油推动叶片摆动，改变进、出油口，可改变叶片及摆动轴的摆动方向。单叶片摆动式液压缸输出轴的摆角最大可达 310°。图 3-11（b）所示为双叶片摆动式液压缸，其摆角小于 150°。当输入液压油的压力和流量相等时，其输出转矩是单叶片摆动式液压缸的两倍。摆动式液压缸一般用于驱动回转工作部件，如机床回转夹具、送料装置、转位装置等。

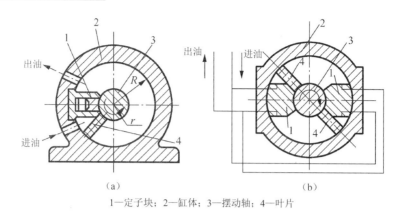

1—定子块；2—缸体；3—摆动轴；4—叶片

图 3-11　单叶片摆动式液压缸（a）和双叶片摆动式液压缸（b）

（四）组合式液压缸

1. 增压式液压缸

增压式液压缸又称为增压器，它可将输入的低压油转变为高压油，供液压传动系统中的高压支路使用，系统只需要局部的高压，利用增压式液压缸可减少功率的损失。增压式液压缸的结构及工作原理如图 3-12 所示。它由直径不同的两个液压缸串联而成，大缸为原动缸，小缸为输出缸，其增压后的压力为 $p_2 = \dfrac{p_1 A_1}{A_2}$，输出压力得到提高。

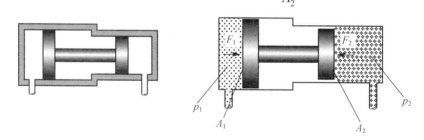

图 3-12　增压式液压缸的结构及工作原理图

2. 伸缩液压缸

伸缩液压缸具有两级或多级活塞，它由两个或多个活塞缸套装而成，前一级活塞缸的活塞是后一级活塞缸的缸筒，如图 3-13 所示。工作时其外伸动作逐级进行，首先是最大直径的缸筒外伸，当其到达终点的时候，稍小直径的缸筒开始外伸，各级缸筒依次外伸，相应的推力也由大变小，而伸出速度则由慢变快。它适用于安装空间受到限制而行程要求很长的场合，如应用于起重机、自卸汽车举升机构中。

3. 齿条液压缸

齿条液压缸又称无杆式液压缸，如图 3-14 所示，它由一根带有齿条杆的柱塞缸 1 和一套齿轮齿条传动机构 2 组成。这种液压缸可以将活塞的直线往复运动经齿轮齿条传动机构转换成回转运动。齿条液压缸常用于机械手、磨床的进给机构、组合机床回转工作台的转位或分度机构中。

项目三 液压执行元件的工作原理与维护

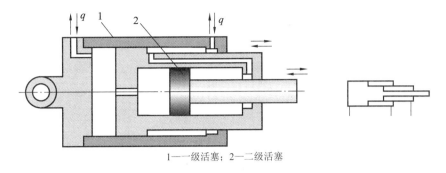

1—一级活塞；2—二级活塞

图 3-13 伸缩液压缸及其图形符号

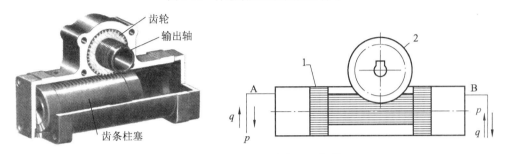

1—柱塞缸；2—齿轮齿条传动机构

图 3-14 齿条液压缸的实物图和工作原理图

（五）液压缸的结构

1. 液压缸的密封

如图 3-15 所示，液压缸存在内、外泄漏问题。它直接影响系统的性能和效率，外泄漏还会污染工作环境，严重时会使整个系统压力上不去而无法工作，因此要求液压缸有良好的密封性能。常见的密封方法有以下两种。

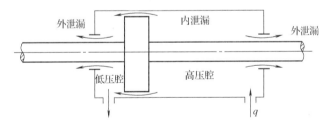

图 3-15 液压缸的泄漏

1）间隙密封

间隙密封如图 3-16 所示，它是利用运动副间的配合间隙产生的液体摩擦阻力来防止液压油泄漏的密封方法。此方法要求相对运动部件的配合间隙必须足够小，故对配合面的加工精度和表面粗糙度提出了较高的要求。图 3-16 中活塞外圆表面上开有若干个环形槽，主要是为了使活塞四周都有压力油的作用，这有利于活塞的对中，以减小活塞移动的摩擦力。这种密封形式主要用于压力油运动速度较高的低压液压缸与活塞配合处，此

41

外也广泛用于各种泵、阀的柱塞配合中。

2）密封圈密封

密封圈密封是液压传动系统中应用广泛的一种密封方法。密封圈一般用耐油橡胶制成，它通过自身的受压变形来实现密封。密封圈按结构形式可分为O形、Y形和V形，其中O形密封圈应用最广。

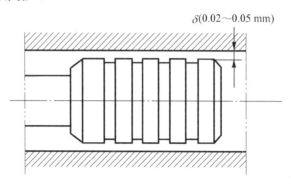

图3-16 间隙密封

（1）O形密封圈密封：如图3-17所示。O形密封圈结构简单，摩擦阻力较小，成本低，使用方便。它可用于外径密封、内径密封及端面密封；也可用于直线往复运动、回转运动的密封和无相对运动的静密封。O形密封圈要有适宜的压缩量，其在沟槽中受到油压作用而变形，会紧贴槽侧和配合件的壁，因此其密封性可随压力的增加而提高，但当工作压力大于10MPa时，为了防止密封圈挤出，应设置挡圈，如图3-17（c）和（d）所示。

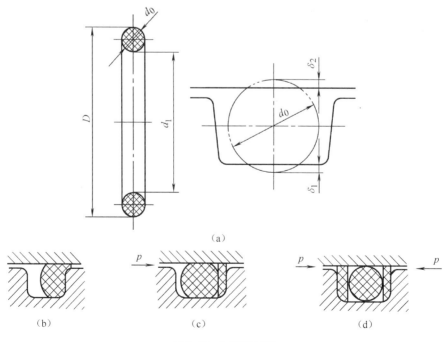

图3-17 O形密封圈

（2）其他形式密封圈密封：如图 3-18 和图 3-19 所示，Y 形密封圈、V 形密封圈在装配时，一定要使唇边或者开口对准压力油腔，这样才能起到密封作用。

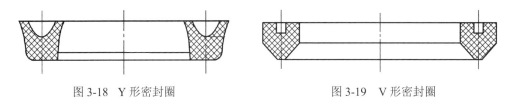

图 3-18　Y 形密封圈　　　　　　　　图 3-19　V 形密封圈

2. 液压缸的缓冲

液压缸的缓冲装置可防止活塞在行程终了时，由于惯性力的作用与缸盖发生机械撞击，产生冲击和噪声，影响运动精度，所以在大型、高速或高精度的液压设备中，常设有缓冲装置。缓冲的原理是活塞在接近缸盖时，增大回油阻力，以降低活塞的运动速度，避免活塞撞击缸盖。目前常用的缓冲装置是应用节流的原理来实现缓冲的。液压缸的缓冲装置只在液压缸的全行程终了时才能起缓冲作用。常见的缓冲装置包括：环状间隙式缓冲装置、节流口可变式缓冲装置、节流口可调式缓冲装置，如图 3-20 所示。

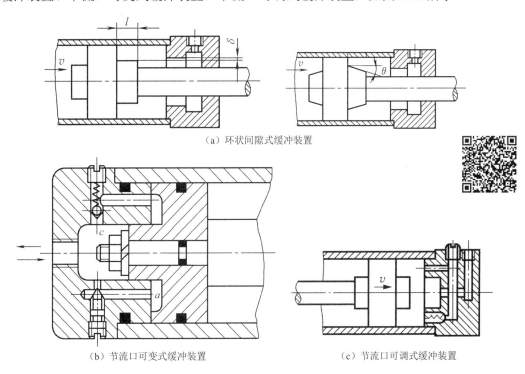

（a）环状间隙式缓冲装置

（b）节流口可变式缓冲装置　　　　　（c）节流口可调式缓冲装置

图 3-20　常见的缓冲装置

（六）液压缸常见故障及排除方法

液压缸常见故障及排除方法如表 3-4 所示。

表 3-4 液压缸常见故障及排除方法

故障现象	故障分析	排除方法
液压缸爬行	空气侵入	利用排气装置排气。如无排气装置,可启动液压传动系统使工作部件以最大行程快速运动,以排除空气
	液压缸端盖密封圈压得太紧或过松	调整密封圈,保证活塞杆能用手来回平稳地拉动而无泄漏
	活塞杆与活塞不同心	校正二者同心度
	活塞杆整体或局部弯曲	校直活塞杆
	液压缸的安装位置偏移	检查液压缸与导轨的平行性并校正
	缸内锈蚀、拉毛	轻微者修去锈蚀点和毛刺,严重者必须镗磨
	双活塞杆两端螺母拧得太紧,使其同心度不良	螺母不宜拧得太紧,一般用手旋紧即可,以保持活塞杆处于自然状态
冲击现象	缓冲间隙过大	减小缓冲间隙
	缓冲装置的单向阀失灵,缓冲不起作用	修正研配单向阀与阀座
推力不足或工作速度下降	液压缸和活塞配合间隙太大或O形密封圈损坏,高低压腔互通	单配活塞,或更换O形密封圈
	缸端油封压得太紧或活塞杆弯曲,使摩擦力或阻力增加	放松油封,以不漏油为限校直活塞杆
	液压油中杂质过多,使活塞或活塞杆卡死	清洗液压系统,更换液压油
	油温太高,黏度减小,泄漏过多,靠间隙密封或密封质量差的油缸运动速度变慢	分析发热原因,设法散热降温,如密封间隙过大,则单配活塞或增装密封杆

项目四 液压辅助元件

工作任务 液压辅助元件工作特性分析

学习情境描述

液压辅助元件是液压传动系统中不可缺少的组成部分,包括油箱、蓄能器、过滤器、管件及压力表等。辅助元件的性能会直接影响系统的稳定性、效率、温升、噪声和寿命,因此掌握辅助元件的工作原理、工作特性及应用非常有必要。

关键知识点:辅助元件的工作原理和图形符号;过滤器的选用原则及安装位置。

关键技能点:辅助元件的工作特性。

学习目标

(1)掌握各辅助元件的工作原理、作用和图形符号。
(2)熟悉过滤器的结构、选用及安装位置。
(3)熟悉蓄能器的安装及使用方法。
(4)培养学生的自主学习能力和团结协作能力。
(5)培养学生良好的职业素养和6S能力。

任务书

利用软件建模,改变辅助元件各项参数,观察系统状态变化,掌握其特性。

任务分组

根据班级人数和具体的实训要求对班级进行分组,填写小组信息表(见表4-1)。分组过程中注重人员的均衡分配,积极倡导学生实现自我管理,促使学生养成良好的学习习惯,提高学生的团队协作能力。

表4-1 小组信息表

小 组 信 息					
班级名称		日期		指导教师	
小组名称		组长姓名		联系方式	
岗位分工	技术员	记录员	汇报员	观察员	资料员
组员姓名					

说明:组长负责统筹组织整个任务实施过程,技术员负责任务实施过程的操作,记录员负责过程记录工作,汇报员负责在分享信息时进行讲解汇报,观察员负责观察、总结过程中忽略的问题、组员的工作效率问题及记录任务完成度等,资料员负责收集各类

信息。任务实施过程中可根据具体情况由多人分担同一岗位的工作或一人身兼多职，可在不同任务中进行轮岗。小组成员要团结协作、积极参与。

获取信息

引导问题 1：回答下列问题。

（1）油箱可分为_____和_____两种，作用是_____、_____和_____。

（2）按滤芯的材质和结构形式的不同，过滤器可分为_____、_____、_____、_____和_____等过滤器。

（3）选择过滤器应主要根据来_____选择。

（4）当液压传动系统的原动机发生故障时，_____可作为液压缸的应急能源。

引导问题 2：判断下列说法是否正确。

（1）蓄能器与管路系统之间应安装截止阀，在液压泵之间应设单向阀。（　　）

（2）过滤器的滤孔尺寸越大，精度越高。（　　）

（3）装在液压泵吸油口处的过滤器通常比装在压油口处的过滤器的过滤精度高。（　　）

（4）某液压传动系统的工作压力为 14MPa，可选用量程为 16MPa 的压力表来测量压力。（　　）

引导问题 3：液压传动系统常利用压力表查看系统压力数值，如何选择合适的压力表？

引导问题 4：如何选择和安装液压传动系统的过滤器？

工作计划

利用软件来分析辅助元件的工作特性。制订工作计划时要遵循分工清晰、全员参与和以完成任务为目的的原则。同时，要兼顾操作过程中可能出现的安全问题，并进行 6S 管理。

 提示

（1）列出本次工作任务中所用到的器材的名称、符号和数量。

（2）分析任务，制定工作流程，完成工作计划流程表（见表4-2），发送给指导教师审阅。

（3）利用软件了解辅助元件的工作特性。

表4-2 工作计划流程表

工作计划流程表					
实训所需器材、元件	序号	名称	符号	数量	备注
	1				
	2				
	3				
	4				
	5				
	6				
	7				
	8				
工作计划	序号	工作步骤	预计达成目标	责任人	备注
	1				
	2				
	3				
	4				
	5				
	6				
	7				
	8				

优化决策

（1）各小组汇报各自的工作方案，教师根据各小组完成情况进行点评。

（2）各小组根据教师反馈进行讨论，完善工作方案。

具体实施

各小组严格按照分工开始工作，全员参与，确保操作规范、安全。

1. 辅助元件特性分析

提示

（1）可利用蓄能器功能回路进行仿真。

（2）回路中安装不同的辅助元件，观察油温、流量、压力等参数的变化。

2. 成果分享

随机抽取2~3个小组讨论工作过程及过程中出现的问题。针对问题，指导教师及时进行现场指导和分析。

3. 问题反思

引导问题 5：如果液压传动系统是伺服系统，如何选用和安装过滤器？

引导问题 6：液压传动系统要求工作温度不能过高，若液压传动系统的油温过高，可以用什么方式解决？

引导问题 7：蓄能器安装注意事项包括哪些？

质量控制

引导问题 8：蓄能器的应用场合有哪些？

引导问题 9：根据什么标准更换液压传动系统的过滤器？如何更换？

评价反馈

综合整个实训过程，结合任务实施过程中各组员的表现，落实 6S 管理工作。小组成员各自完成"自我评价"，组长和观察员完成"小组评价"，教师完成"教师评价"（见表 4-3），最终根据学生在任务实施过程中的表现，教师给予评价。

表 4-3 评价表

班级			姓名	学号	日期	
序号	考核项目		自我评价（15%）	小组评价（45%）	教师评价（40%）	汇　总
职业素养考核项目（40%）	遵守安全操作规范					
	遵守纪律，团结协作					
	态度端正，工作认真					
	做好 6S 管理					
专业能力考核项目（60%）	能正确搭建回路					
	能正确说出回路中各元件的名称					
	能正确说出回路中各元件的作用					
	能利用软件对辅助元件进行仿真操作					
	能利用软件对辅助元件进行特性分析					
	能正确分析问题和得出结论					
	合计					
	总分及评价					

课后拓展

对项目一中的回路，如果需要利用蓄能器进行保压夹紧，如何改进回路？

学习情境相关知识点

一、油箱

(一) 油箱的作用和分类

油箱主要用来储存液压油,此外还可以起到散热、分离液压油中的空气以及使油中的污物沉淀等作用。

油箱分为开式油箱(见图 4-1)和闭式油箱两种。开式油箱中液压油与大气相通,而闭式油箱中液压油与大气隔绝。开式油箱广泛用于一般的液压传动系统,闭式油箱则用于水下和高空无稳定气压的场合,但需要附设专用的气源装置,因此使用不够普遍。开式油箱又分为整体式油箱和分离式油箱,如磨床就采用整体式油箱,直接用床身兼作油箱,但是,当油温变化时容易引起床身的热变形,影响设备的精度。目前普遍采用分离式油箱。

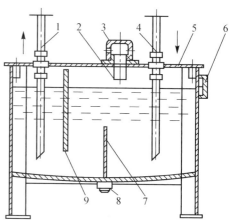

(a) 实物图　　　　　　　　　　　　　(b) 结构示意图

1—吸油管;2—滤油网;3—盖;4—回油管;5—盖板;6—油位计;7、9—隔板;8—放油阀

图 4-1　开式油箱

(二) 油箱容积的确定

为了保证液压传动系统正常工作,液压泵不吸空,油箱中油面应保持一定高度,一般油箱总容积为有效容积的 1.25 倍左右。对于低压系统,油箱的有效容积为泵每分钟排油量的 2～4 倍;对于中压系统,油箱的有效容积为泵每分钟排油量的 5～7 倍;对于高压系统,油箱的有效容积为泵每分钟排油量的 6～12 倍;对于行走机械的液压传动系统,油箱的有效容积为泵每分钟排油量的 1.5～2 倍。

(三) 油箱的结构

油箱常用钢板焊接而成,盖板一般可拆开,便于清洗。为了便于排净存油,油箱设计有放油阀或放油塞,底板还要有适当的倾斜度。

液压传动系统中液压油工作后温度升高,为了便于通风散热,油箱底部应留有

150~200mm 的底脚距离。油箱内部用隔板将压油区和吸油区隔开,杂质主要沉淀在回油区一侧。

吸油管的管口离油箱底部的距离不应小于管径的两倍,以防将沉淀在箱底的脏物吸入;但距离也不宜太大,以免将液面上的泡沫吸入或生成旋涡而吸入空气。管口应切成45°角,以增加吸油口的面积。一般在吸油管道上安装粗过滤器。回油管应插入液面下,以免回油冲击液面产生气泡,但回油管插入位置也不宜太低,管口也应切成45°角并面向箱壁,以提高散热效率。

此外,油箱加油口应装有空气过滤器,以防脏物进入箱内;还应该有油标尺,以便随时观察箱内的存油量。油箱的内、外表面涂上导热性能良好的防锈和耐油涂料。对于系统负载大并且工作周期长的液压传动系统,可以考虑安装加热器或者冷却器等。

二、蓄能器

蓄能器是液压传动系统中重要的辅助元件,是储存压力能的装置,对保证系统正常运行、改善动态特性、保持工作稳定性、延长工作寿命、降低噪声等起着重要的作用。蓄能器在具有间歇性工况要求的系统中得到了广泛使用。

(一) 蓄能器的类型

蓄能器主要有重锤式、弹簧式和充气式三种。重锤式蓄能器和弹簧式蓄能器因其局限性,目前已经很少使用,下面只介绍常用的充气式蓄能器。

充气式蓄能器利用压缩气体储存能量,使用时首先向蓄能器充入预定压力的气体(一般为氮气),当系统压力超过蓄能器内部压力时,液压油压缩气体,将液压油中的压力转化为气体压力能;当系统压力低于蓄能器内部压力时,蓄能器中的液压油在高压气体的作用下流向外部系统,释放能量。蓄能器按其结构可分为直接接触式蓄能器和隔离式蓄能器两类。隔离式蓄能器又分为活塞式蓄能器和气囊式蓄能器两种。

1. 活塞式蓄能器

图 4-2 (a) 所示为活塞式蓄能器,利用活塞 1 将气体与液压油隔离。液压油从蓄能器下腔的油口 7 进入,活塞随着油压的增减而上下移动,活塞上行,蓄能器储能。其优点是结构简单,工作平稳、可靠,安装、维护方便,寿命长。缺点是由于活塞惯性和摩擦阻力的影响,反应不够灵敏,缸筒加工和活塞密封性要求较高,常用在中高压系统中,用于吸收压力脉动。

2. 气囊式蓄能器

如图 4-2 (b) 所示,它利用气囊 5 把液压油和气体隔离。气囊出口上充气阀 3 只在为气囊充气时才打开,平时关闭。在工作状态时,液压油经过壳体下部提升阀 6 进入,当液压油排空时提升阀可以防止气囊被挤出。这种蓄能器质量小、惯性小,反应灵敏,容易维护,但气囊和壳体制造较困难,气囊的使用寿命也较短。

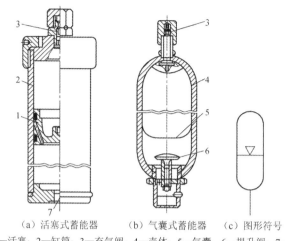

（a）活塞式蓄能器　（b）气囊式蓄能器　（c）图形符号

1—活塞；2—缸筒；3—充气阀；4—壳体；5—气囊；6—提升阀；7—油口

图4-2　蓄能器的结构及图形符号

（二）蓄能器的作用

（1）实现短期大量供油。如图4-3（a）所示，在周期性动作的液压传动系统中，当系统不需要大量液压油时利用蓄能器储存多余液压油，到需要时再由蓄能器快速释放给系统。这样就可使系统选用流量较小的液压泵，从而减小电动机功率消耗，提高液压泵的效率，降低系统温升。

（2）维持系统压力。如图4-3（b）所示，在液压泵停止向系统提供液压油的情况下，蓄能器能把储存的液压油供给系统，补偿系统泄漏。蓄能器也可充当应急能源，在系统出现泵损坏或停电无法正常供油时，可避免事故的发生；或液压传动系统供油突然中断时，使执行元件继续完成动作。

（3）缓和液压冲击或压力脉动。如图4-3（c）所示，当液压泵或者阀门突然启闭时，液压传动系统可能会产生液压冲击。在产生冲击力的部位加装蓄能器，可使冲击得到缓和；在泵的出口并接蓄能器，可减小泵的流量脉动和压力脉动的影响。

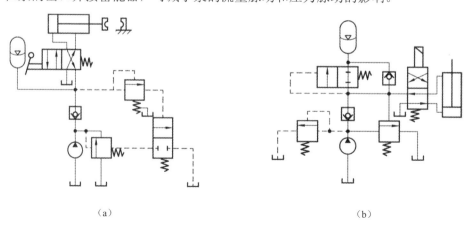

（a）　　　　　　　　　　　　（b）

图4-3　蓄能器的作用

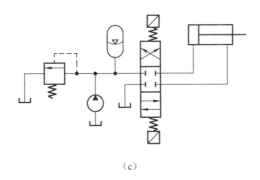

(c)

图 4-3 蓄能器的作用（续）

（三）蓄能器的安装及维护

蓄能器在液压回路中的安装位置跟其作用有关，一般补油保压时应尽可能接近有关执行元件，当吸收液压冲击或者压力脉动时应安装在冲击源或脉动源附近，具体安装要求如下。

（1）在安装蓄能器时，应将油口朝下垂直安装。

（2）装在管道上的蓄能器须用支板或者支架固定。

（3）蓄能器是压力容器，使用时应注意安全，搬运或者拆装时应排除内部压缩空气。

（4）蓄能器与管路系统之间应安装截止阀，便于充气、检修时使用。蓄能器和液压泵之间应安装单向阀，防止液压泵停止运动时蓄能器内的液压油倒流。

蓄能器在使用过程中，应该按照要求定期进行气密性检查。长期不使用时，应该关闭管道中的截止阀，保持蓄能器油压在充气压力以上，防止气囊靠底。

三、过滤器

（一）过滤器的作用和工作原理

液压传动系统中 75% 以上故障和液压油污染有关，液压油在使用过程中不断被污染。过滤器的作用就在于过滤液压油中的杂质，使其污染程度控制在允许的范围内，确保系统能正常工作。

液压油从进油口进入过滤器，经过滤芯过滤后从出油口排出。随着过滤器使用时间的增加，滤芯上积累的杂质颗粒越来越多，造成过滤器进出口压差越来越大。若达到滤芯极限压差而未及时更换，旁通阀就会开启，以防止滤芯损坏。

（二）过滤器的种类

按滤芯的材质和结构形式的不同，过滤器可分为网式、线隙式、纸芯式、烧结式和磁性式等多种类型。

1. 网式过滤器

网式过滤器（见图 4-4）也称滤油网或滤网，滤芯以铜网为过滤材料，应用较普遍。这种过滤器结构简单，通油性能好，但过滤效果差，一般用于粗过滤。这种过滤器的过滤精度由网孔的大小和铜网的层数决定，有 80μm、100μm、180μm 这 3 种规格。

2. 线隙式过滤器

图 4-5 所示为线隙式过滤器，滤芯以铜线或铝线绕在筒形芯架的外部制成。流入壳体内的液压油经线间缝隙流入滤芯，再从上部的通道流出。这种过滤器结构简单，通流能力强，过滤精度比网式过滤器高，过滤精度为 30～100μm，一般只能用在吸油管中。

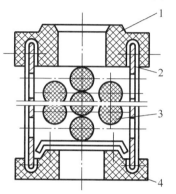

1—上盖；2—滤芯架；3—过滤网；4—下盖

图 4-4 网式过滤器

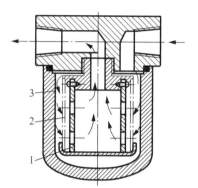

1—筒形芯架；2—滤芯；3—壳体

图 4-5 线隙式过滤器

3. 纸芯式过滤器

纸芯式过滤器是将用微孔滤纸做的纸芯装在其壳体内形成的，如图 4-6 所示。为了增大过滤面积，纸芯一般做成折叠形的。这种过滤器过滤效果好，但通流能力弱，易堵塞，可用于对液压油要求较高的低压小流量系统的精过滤。

4. 烧结式过滤器

烧结式过滤器的结构如图 4-7 所示。滤芯是由球状铜颗粒用粉末冶金烧结工艺高温烧结而成的，它利用铜颗粒之间的微孔滤去液压油中的杂质，可做成杯状、管状、碟状等。这种过滤器强度高、耐腐蚀、耐高温，但烧结颗粒易脱落，常用在排油或回油管道上。其过滤精度为 10～100μm，压力损失为 0.03～0.2MPa。

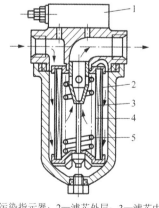

1—污染指示器；2—滤芯外层；3—滤芯中层；
4—滤芯内层；5—支承弹簧

图 4-6 纸芯式过滤器的结构示意图

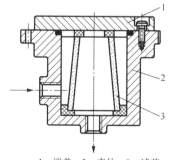

1—端盖；2—壳体；3—滤芯

图 4-7 烧结式过滤器的结构示意图

5. 磁性过滤器

磁性过滤器的滤芯由永久磁性材料制成,主要用于过滤液压油中的铁屑、粉末,通常会跟其他过滤器结合起来使用。

选择过滤器时,主要考虑其过滤精度、通油能力和耐压能力(包括滤芯的耐压能力和壳体的耐压能力)。

(三)过滤器的安装

过滤器的安装位置主要有以下几种,如图4-8所示。

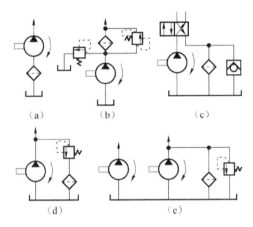

图4-8 过滤器的安装位置

(1)液压泵的吸油管道上,如图4-8(a)所示。通常情况下,泵的进油口安装粗过滤器,主要是为了防止较大颗粒进入泵体,要求通油性好,一般选用网式过滤器。

(2)安装在压力油道上或重要元件的前面,如图4-8(b)所示。这样做主要是为了保护泵以外的液压元件,过滤器能承受油道中的工作压力和冲击压力。压力损失一般要小于0.35MPa,并要有安全阀或堵塞指示装置,防止堵塞时泵过载。

(3)安装在回油管道上,如图4-8(c)所示。液压油在流回油箱前进行过滤,可保证油箱中液压油的清洁度。

(4)安装在旁油管道上,如图4-8(d)所示。为了防止过滤器堵塞,通常并联一个安全阀。

(5)独立的过滤系统,如图4-8(e)所示。在大型液压传动系统中,可设置由液压泵和过滤器组成的独立过滤系统,不断过滤液压油中的杂质,保证液压油的清洁度。

四、油管与管接头

液压传动系统的元件一般是利用油管和管接头进行连接的,以传送液压油和能量,因此,应具有强度高、密封性好、压力损失小、拆装方便等优点。

(一)油管

油管分为硬管和软管。

1. 硬管

常用硬管分为紫铜管和无缝钢管,主要用于连接无相对运动的元件。紫铜管装配时可根据需要弯成任意形状,因而适用于小型设备及内部装配不方便的地方。其缺点是成本较高,易使液压油氧化,抗振能力较弱。无缝钢管能承受高压,不易使液压油氧化,价格低廉。其缺点是弯曲和装配均较困难。

2. 软管

软管主要用于连接有相对运动的元件,如橡胶软管、尼龙管、塑料管等。橡胶软管安装方便,不怕振动,可承受高压,还能吸收部分液压冲击。尼龙管的耐压只可达 2MPa,目前多用于低压系统或作为回油管。塑料管一般只用作回油管或泄漏油管。

(二)管接头

管接头是油管与油管、油管与液压元件之间可拆装的连接件。管接头的种类很多,按通路数量和方向来分,有直通式和三通式等几种,如图 4-9 所示。按油管和管接头的连接方式来分,有管端扩口式、焊接式和卡套式等几种。下面简单介绍几种常用的管接头。

(1)扩口式管接头。这种管接头适用于铜管和薄壁钢管,也可以用来连接尼龙管和塑料管。这种管接头结构简单且造价低,一般适用于中、低压系统。

(2)焊接式管接头。这种管接头具有结构简单、制造方便、耐高压和强烈振动、密封性能好等优点,因而广泛应用于高压系统。

(3)卡套式管接头。这种管接头具有拆装方便、工作可靠、耐高压和强烈振动、密封性能好等优点,因而广泛应用于高压系统。

(4)软管接头,有可拆式和扣压式两种,它的工作压力在 10MPa 以下。

(5)快换接头,是一种不需要使用任何工具就能实现迅速连接或断开的管接头。它适用于需要经常拆装的液压管道。快换接头的额定最高工作压力可达 32MPa。

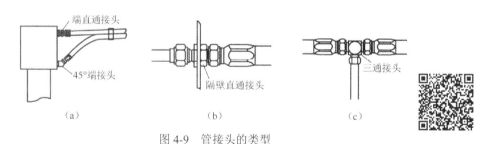

图 4-9 管接头的类型

五、其他辅助元件

液压油在液压传动系统中具有密封、润滑、冷却和传递动力等多重作用,为保证液压传动系统正常工作,要求一般液压传动系统的工作油温在 30~60℃,最低不应低于 15℃。如果油温过高,则液压油黏度过小、氧化过快,会使润滑部位的油膜遭到破坏、液压油泄漏增加、密封材料提前老化、气蚀现象加剧，严重时会影响系统中液压元件的正常工作。所以当自然散热无法使系统油温降低到正常温度时，就应采用冷却器进行强制冷却。相反，如果油温过低，则液压油黏度过大，会造成设备启动困难、压力损失增加并导致振动加剧，这时就要通过设置加热器来保证液压油温度。

（一）冷却器

液压传动系统中的功率损失几乎全部变成热量，使液压油温度升高。如果散热效果不好，就需要采用冷却器，使液压油的平衡温度降低到合适的范围内。按冷却介质不同，冷却器可分为风冷、水冷和氨冷等形式，液压传动系统一般采用风冷或者水冷形式的冷却器，如图 4-10 所示。

风冷式冷却器由风扇和许多带散热片的管子组成。水冷式冷却器又可分为蛇形管式、多管式和翅片式等几种类型。冷却器安装在回油管道上，可避免承受高压。

（a）风冷式冷却器　　（b）水冷式冷却器　　（c）图形符号

图 4-10　冷却器

（二）加热器

液压传动系统常用的加热器是电加热器，如图 4-11（a）所示。使用时可以直接将其装入油箱底部，并与箱底保持一定距离，安装方向一般为横向，如图 4-11（b）所示。由于液压油和电加热器直接接触会造成油温过高，加速液压油的变质，所以电加热器应慎用，并且单个加热器的功率容量不能太大。电加热器的图形符号如图 4-11（c）所示。

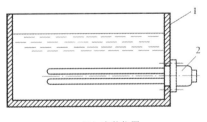

（a）实物图　　　　　（b）安装位置　　　　（c）图形符号

1—油箱；2—电加热器

图 4-11　电加热器

（三）压力表

压力表[见图 4-12（a）]是观测液压传动系统中各点压力的元件，种类较多，最常见的是弹簧弯管式压力表，其工作原理如图 4-12（b）所示。压力油进入金属弯管 1，迫使弯管变形而曲率半径增大,通过杠杆 4 使扇形齿轮 5 摆动,小齿轮 6 转动,带动指针 2 转动,在刻度盘 3 上显示出压力值。

选择压力表时应根据系统压力选择,一般取系统压力为量程的 2/3～3/4,系统最高压力不超过量程的 3/4,压力表必须直立安装。

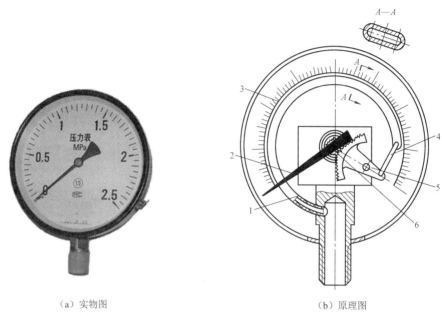

(a)实物图　　　　　　　　　　(b)原理图

1—金属弯管；2—指针；3—刻度盘；4—杠杆；5—扇形齿轮；6—小齿轮

图 4-12　弹簧弯管式压力表

项目五　液压基本控制回路设计

工作任务一　压力控制阀的拆装与维护

> **学习情境描述**

液压阀在液压传动系统中的作用是通过控制和调节液压传动系统中液压油的流向、压力和流量，使执行元件及其驱动的工作装置获得所需的运动方向、推力（转矩）及运动速度（转速）等。

在液压传动系统中，控制液体压力的阀统称为压力控制阀。其特点是利用作用于阀芯上的液体作用力和弹簧力相平衡的原理来工作。常用的压力控制阀有溢流阀、减压阀、顺序阀和压力继电器等。

压力控制回路主要利用压力控制元件来控制系统或系统某一支路的压力，实现调压、稳压、减压、卸荷等目的，以满足执行元件对力或力矩的要求。因此，掌握压力控制阀的结构、工作原理，对分析液压传动系统和对其故障进行分析是非常重要的。

关键知识点：压力控制阀的工作原理、图形符号；溢流阀、减压阀和顺序阀的异同。

关键技能点：各类压力控制阀的规范拆装、故障分析和工具的正确选用。

学习目标

（1）能识读压力控制阀的结构图和图形符号。
（2）能阐述各类压力控制阀的工作原理。
（3）能阐述溢流阀、顺序阀、减压阀三者的异同。
（4）能对压力控制阀进行规范拆装、维护保养及故障分析。
（5）培养学生的自主学习能力和团结协作能力。
（6）培养学生良好的职业素养和 6S 能力。

任务书

对各类压力控制阀进行拆装，掌握其正确拆装方法、结构特点和工作原理。

任务分组

根据班级人数和具体的实训要求对班级进行分组，填写小组信息表（见表 5-1）。分组过程中注重人员的均衡分配，积极倡导学生实现自我管理，促使学生养成良好的学习习惯，提高学生的团队协作能力。

表 5-1 小组信息表

小 组 信 息					
班级名称		日期		指导教师	
小组名称		组长姓名		联系方式	
岗位分工	技术员	记录员	汇报员	观察员	资料员
组员姓名					

说明：组长负责统筹组织整个任务实施过程，技术员负责任务实施过程的操作，记录员负责过程记录工作，汇报员负责在分享信息时进行讲解汇报，观察员负责观察、总结过程中忽略的问题、组员的工作效率问题及记录任务完成度等，资料员负责收集各类信息。任务实施过程中可根据具体情况由多人分担同一岗位的工作或一人身兼多职，可在不同任务中进行轮岗。小组成员要团结协作、积极参与。

获取信息

引导问题 1：完成下列填空题。

（1）液压阀按照工作原理及用途可分为_____、_____、_____。

（2）液压传动系统中常用的溢流阀有_____和_____两种。前者一般用于_____；后者一般用于_____。

（3）溢流阀利用_____液压力和弹簧力相平衡的原理来控制_____的油压。一般_____外泄口。

（4）减压阀利用_____压力油与弹簧力相平衡，它使_____的压力稳定不变，有_____油口。

（5）为使减压回路可靠地工作，其最高调定压力应_____系统压力。

（6）液控顺序阀阀芯的启闭是利用_____压力来控制的

（7）压力继电器是一种将_____转变为_____的转换装置。

引导问题 2：压力控制阀分为几大类？它们的工作原理有什么共同点？

拓展知识

一、液压阀的分类

1. 按用途分类

液压阀根据工作原理和用途可分为方向控制阀、压力控制阀、流量控制阀。液压基本回路根据工作原理和用途可分为方向控制回路、压力控制回路、速度控制回路和多缸动作控制回路。

2. 按控制方式分类

液压阀按控制方式可分为普通阀（开关定值式控制阀）、电液比例控制阀、电液伺服阀和数字阀。

二、对液压阀的要求

液压传动系统对液压阀的基本要求如下：

（1）动作灵敏，工作可靠，工作时冲击和振动小。

（2）液压油通过时压力损失小。

（3）密封性能好，内泄漏少，无外泄漏。

（4）结构紧凑，安装、调试、维护方便，通用性好。

引导问题 3：图 5-1 所示系统中，溢流阀的调定压力分别为 p_A=3MPa，p_B=2MPa，p_C=4MPa。试分析当外负载趋于无限大时，系统的压力 p 为多少？

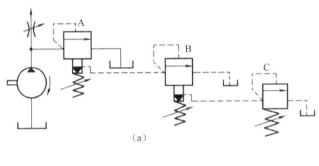

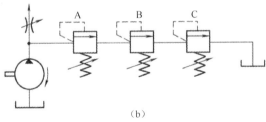

图 5-1　引导问题 3 图

工作计划

对常见的压力控制阀进行拆装，工具选择要准确，过程应规范。制订工作计划时要遵循分工清晰、全员参与和以完成任务为目的的原则。同时，要兼顾操作过程中可能出现的安全问题，并进行 6S 管理。

提示

（1）列出本次工作任务中所用到的器材的名称、符号和数量。

（2）分析任务，制定工作流程，完成工作计划流程表（见表 5-2），发送给指导教师审阅。

（3）注意观察各类压力控制阀的外形，选用正确的工具进行拆装。

表 5-2 工作计划流程表

工作计划流程表					
实训所需器材、元件	序 号	名 称	符 号	数 量	备 注
	1				
	2				
	3				
	4				
	5				
	6				
	7				
	8				
工作计划	序 号	工作步骤	预计达成目标	责 任 人	备 注
	1				
	2				
	3				
	4				
	5				
	6				
	7				
	8				

优化决策

（1）各小组汇报各自的工作方案，教师根据各小组完成情况进行点评。

（2）各小组根据教师反馈进行讨论，完善工作方案。

具体实施

各小组严格按照分工开始工作，全员参与，确保操作规范、安全。

1. 各类压力控制阀的拆装

各小组根据工作计划，正确选用工具对压力控制阀进行拆装。

提示

（1）注意各类压力控制阀的拆装顺序。

（2）各类压力控制阀的结构相似，注意观察各阀的特点，加深理解其工作原理。

（3）过程中正确选择和使用工具，注意拆装工艺。

（4）根据装配工艺要求，装配前清洗各零件，阀芯与阀体等配合表面涂润滑油。

2. 成果分享

随机抽取 2~3 个小组讨论工作过程及过程中出现的问题。针对问题，指导教师及时进行现场指导和分析。

3. 问题反思

引导问题 4：根据各类压力控制阀的工作原理和结构，分析溢流阀、减压阀和顺序阀的异同。

引导问题 5：压力控制阀的拆装过程中，需要注意哪些问题？

质量控制

引导问题 6：试分析液压传动系统中溢流阀不能正常溢流的原因。

引导问题 7：液压传动系统中利用减压阀调压，使某支路获得比主系统低的压力，但压力不稳定，试分析其原因。

引导问题 8：如图 5-2 所示，溢流阀的调定压力为 5.0MPa。减压阀的调定压力分别为 3.0MPa 和 1.5MPa，如果活塞杆已运动到终点并和挡铁相碰，试分析 A、B 两点处的压力。

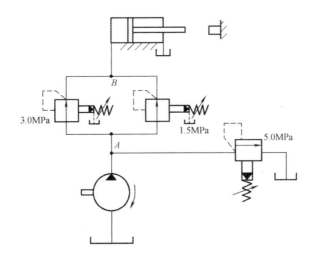

图 5-2 引导问题 8 图

评价反馈

综合整个实训过程，结合任务实施过程中各组员的表现，落实 6S 管理工作。小组成员各自完成"自我评价"，组长和观察员完成"小组评价"，教师完成"教师评价"（见表 5-3），最终根据学生在任务实施过程中的表现，教师给予评价。

表 5-3 评价表

班级		姓名		学号		日期	
序号	考核项目	自我评价（15%）		小组评价（45%）		教师评价（40%）	汇总
职业素养考核项目（40%）	遵守安全操作规范						
	遵守纪律，团结协作						
	态度端正，工作认真						
	做好 6S 管理						
专业能力考核项目（60%）	能正确选用拆装工具						
	拆装程序正确						
	工艺方法恰当，符合技术规范						
	能正确地对零件外部进行检查和清洗						
	工具和零件的整理、摆放符合规范						
	能正确分析问题和得出结论						
合计							
总分及评价							

课后拓展

为什么减压阀的调压弹簧腔要连接油箱？如果这个油口堵死会出现什么问题？

项目五 液压基本控制回路设计

◆ **学习情境相关知识点** ◆

一、溢流阀

溢流阀是液压传动系统中最重要的压力控制阀,几乎所有的液压传动系统都会用到。它主要用来维持系统压力的稳定和限定系统最高压力。溢流阀按其工作原理分为直动型溢流阀和先导型溢流阀两种。直动型溢流阀一般用于低压场合,先导型溢流阀一般用于中、高压场合。

1. 直动型溢流阀

如图 5-3 所示,P 为进油口,T 为出油口,被控液压油由 P 口进入溢流阀,经阀芯 7 的径向孔、轴向阻尼孔 9 进入阀芯的下腔,作用于阀芯上,产生向上的液压力。若液压力小于弹簧力,阀芯不上移,进、出油口不通,阀处于关闭状态,溢流阀不产生溢流;当进口压力升高,液压力能克服弹簧力时,阀芯向上移动,阀口打开,液压油由 P 口经 T 口排回油箱,溢流阀开始溢流。

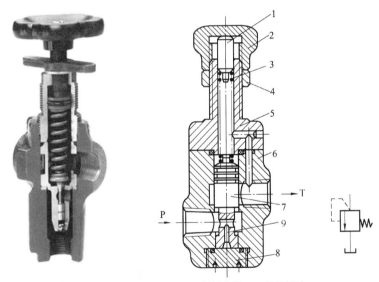

1—调节杆;2—调节螺母;3—调压弹簧;4—锁紧螺母;
5—阀盖;6—阀体 7—阀芯;8—底盖;9—轴向阻尼孔

图 5-3 直动式溢流阀的工作原理

通过溢流阀的流量改变时,溢流阀的阀口开度也改变,但因阀芯的移动量很小,所以作用在阀芯上的弹簧力变化也很小,因此可认为液压油溢流时,溢流阀进口的压力基本保持定值。调节调压弹簧的预压缩量,可获得不同的调定压力。

这种溢流阀是通过压力油直接作用于阀芯产生的液压力与阀芯上端的弹簧力相平衡来进行压力控制的,当需要控制较高压力时,需要较大弹簧力,当流量较大时,进口压力随流量的变化较大,故这种阀只适用于系统压力较低、流量不大的场合。

2. 先导型溢流阀

先导型溢流阀由主阀和先导阀两部分组成。先导阀就是一种小规格直动型溢流阀。先导阀内的弹簧用来调定主阀的溢流压力。主阀控制溢流量。

先导型溢流阀的结构形式较多，但工作原理是相同的。如图 5-4 所示，当先导型溢流阀的进口输入压力油时，压力油作用在主阀阀芯 5 的下端，同时通过主阀阀芯内的阻尼孔 7 到达先导阀阀芯上端，作用在先导阀阀芯上产生液压力，若液压力小于先导阀阀芯另一端的弹簧力时，则先导阀关闭，主阀阀芯上下两腔压力相等，主阀阀芯处于最下端位置，阀口关闭。随着进口压力增大，先导阀阀芯上的液压力大于弹簧力时，先导阀阀口开启，一部分液压油经先导阀流回油箱。这时液压油流经阻尼孔时产生压力损失，使主阀阀芯两端形成压差，主阀阀芯在压差作用下上移，阀口开启，压力油经过主阀阀口溢流回油箱。调节螺钉 10 可调节调压弹簧 9 的压紧力，从而调定液压传动系统的压力。先导型溢流阀有一个远程控制口 K，与主阀上腔相通，若远程控制口 K 接上调压阀，即可实现远程调压；当远程控制口 K 与油箱接通时，可实现系统卸荷。

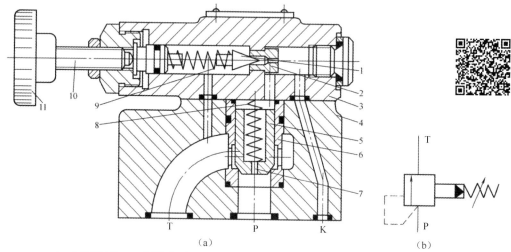

1—先导阀阀芯；2—先导阀阀座；3—阀盖；4—阀体；5—主阀阀芯；6—阀套；7—阻尼孔；
8—主阀弹簧；9—调压弹簧；10—调节螺钉；11—调节手轮

图 5-4　先导型溢流阀

二、减压阀

减压阀主要用于降低系统某一支路的液压油的压力，使该支路获得比系统其他部分低的稳定工作压力。如图 5-5 所示，减压阀由先导阀和主阀两部分组成，先导阀调压，主阀减压。压力油从进油口 P_1 流入，经节流口后，从出油口 P_2 流出。出油口液压油通过阻尼小孔 8 流入主阀阀芯上腔，作用在先导阀阀芯 5 上，同时通过小孔 9 流入主阀阀芯下腔。当出口压力小于调定压力时，先导阀关闭。阻尼小孔 8 中没有液压油流动，主阀阀芯上、下两端的油压相等。主阀阀芯处于最下端位置，阀口全部打开，减压阀不起减压作用。当出口压力超过调定压力时，先导阀被打开，出油口的液压油经阻尼小孔到先导阀，再经泄油口 L 流回油箱。因阻尼小孔的作用，主阀两端产生压差，主阀阀芯在上下两端压差的作用下，克服弹簧力向上移动，主阀阀口开度减小，起减压作用，当出口压力下降到调定值时，先导阀阀芯和主阀阀芯同时处于平衡状态，出口压力稳定在调定压力。调节调压弹簧的预紧力即可调节出口压力。

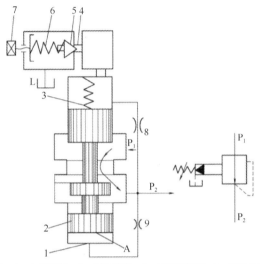

1—阀体；2—主阀阀芯；3—主阀弹簧；4—先导阀阀座；5—先导阀阀芯；
6—先导阀弹簧；7—调节螺母；8—阻尼小孔；9—小孔

图 5-5　先导型减压阀

三、顺序阀

顺序阀是利用液压油的压力作为控制信号实现油路通、断，控制液压传动系统中各元件先后动作的液压元件。根据控制方式的不同，顺序阀可分为两大类，一类是利用阀的进口压力控制阀芯的启闭，称为内控顺序阀，简称顺序阀；另一类用外来的控制压力油控制阀芯的启闭，称为液控顺序阀。顺序阀也有直动型和先导型两种。

直动型顺序阀的结构和 P 型溢流阀相似，如图 5-6 所示。顺序阀的进口压力低于调定压力时，阀口完全关闭。当进口压力达到调定压力时，阀口打开，顺序阀输出压力油使下一级的元件动作。调整弹簧的预压缩量即能调节调定压力。

液控顺序阀的结构及图形符号如图 5-7 所示。当控制油口 K 处的控制液压油的压力达到顺序阀的弹簧调定压力时，阀芯移动，进油口和出油口接通，使下一级元件动作。液控顺序阀的启闭与阀本身的进口压力无关，而取决于控制油口 K 处控制液压油的压力。

顺序阀的职能符号如图 5-8 所示。

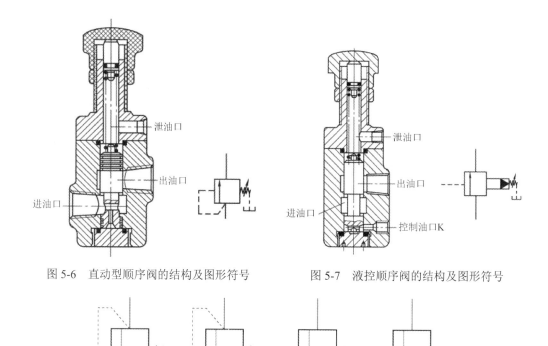

图 5-6 直动型顺序阀的结构及图形符号　　图 5-7 液控顺序阀的结构及图形符号

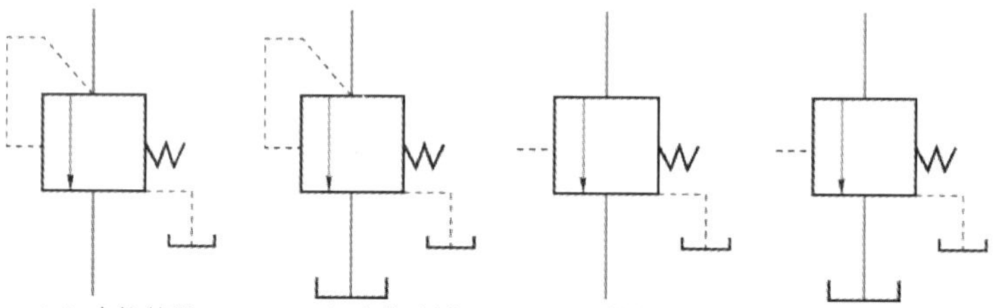

（a）内控外泄　（b）内控内泄　（c）外控外泄　（d）外控内泄

图 5-8 顺序阀的职能符号

四、溢流阀、减压阀、顺序阀的区别

（1）从控制压力来看，溢流阀由进口压力控制；减压阀由出口压力控制；顺序阀可用进口压力控制，也可用外部压力控制。

（2）从非工作时阀口状态来看，溢流阀阀口常闭，减压阀阀口常开，顺序阀阀口常闭。

（3）从工作时阀口状态来看，溢流阀阀口开启，减压阀阀口关小，顺序阀阀口开启。

五、压力继电器

压力继电器是利用液体的压力信号来启闭电气触点的电气元件。它在液压油的压力达到其设定压力时，发出电信号，控制电气元件动作。图 5-9 所示为柱塞式压力继电器的结构和图形符号。压力油通过控制油口 K 作用于柱塞 5 上，当油压达到弹簧的调节值时，压力油通过柱塞、顶杆压下微动开关 11 的触头，发出电信号。调节螺钉 7 可调节弹簧的压紧力，即可调节发出电信号时的液压油的压力。当控制油口 K 的油压降低到一定值时，微动开关释放，断开电路。

项目五　液压基本控制回路设计

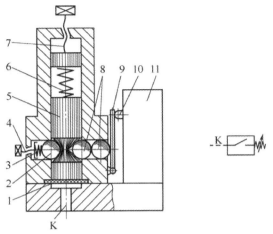

1—薄膜；2、8—钢球；3、6—弹簧；4、7—调节螺钉；
5—柱塞；9—顶杆；10—触头；11—微动开关

图 5-9　柱塞式压力继电器的结构及图形符号

六、压力控制阀常见故障及排除方法

1. 溢流阀

溢流阀常见故障及排除方法如表 5-4 所示。

表 5-4　溢流阀常见故障分析及排除方法

故障现象		原 因 分 析	排 除 方 法
调不上压力	主阀故障	（1）主阀阀芯阻尼孔堵塞（装配时主阀阀芯未按要求清洗干净，液压油过脏） （2）主阀阀芯在开启位置卡死（装配质量差，液压油被污染） （3）主阀阀芯复位弹簧折断或弯曲，使主阀阀芯不能复位	（1）清洗阻尼孔使之畅通；过滤或更换液压油 （2）拆开检修，重新装配；对阀盖紧固螺钉施加的拧紧力要均匀；过滤或更换液压油 （3）更换弹簧
	先导阀故障	（1）调压弹簧折断或未装 （2）锥阀或钢球未装或损坏	（1）更换弹簧，补装 （2）补装、更换
压力调不高	主阀故障（若主阀为锥阀）	主阀阀芯锥面密封性差 ① 主阀阀芯、阀座锥面接触不良或磨损 ② 锥面处有脏物 ③ 主阀阀芯锥面与阀座锥面不同心 ④ 主阀阀芯工作时出现卡滞现象，阀芯与阀座不能严密接合	1）更换并配研 2）清洗并配研 3）修配使之配合良好 4）修配使之配合良好
		主阀阀盖处有泄漏（如密封垫损坏，装配不良，阀盖坚固螺钉有松动等）	拆开检修，更换密封垫，重新装配，并确保对螺钉施加的拧紧力均匀
	先导阀故障	（1）调压弹簧弯曲，或太软，或长度过短 （2）锥阀与阀座接合处密封性差（如锥阀与阀座磨损，锥阀接触面不圆）	（1）更换弹簧 （2）检修，更换，清洗，使之达到要求

69

续表

故障现象		原因分析	排除方法
压力不稳定	主阀故障	（1）主阀阀芯动作不灵活,偶尔有卡住现象 （2）主阀阀芯阻尼孔不畅通 （3）主阀阀芯锥面与阀座锥面接触不良或磨损不均匀 （4）阻尼孔孔径太大,造成阻尼作用差	（1）检修、更换零件,压盖螺钉拧紧力应均匀 （2）拆开清洗,检查油质,更换液压油 （3）修配或更换零件 （4）适当缩小阻尼孔孔径
	先导阀故障	（1）调压弹簧弯曲 （2）锥阀与阀座接触不良或磨损不均匀 （3）调节压力的螺钉由于锁紧螺母松动而使压力发生变化	（1）更换弹簧 （2）修配或更换零件 （3）调压后应把锁紧螺母锁紧
振动与噪声	主阀故障	主阀阀芯在工作时径向力不平衡,导致性能不稳定 （1）阀体与主阀阀芯几何精度差,棱边有毛刺 （2）阀体内黏附污物,使配合间隙增大或不均匀	（1）检查零件精度,对不符合要求的零件应更换,并把棱边毛刺去掉 （2）检修、更换零件
	先导阀故障	（1）锥阀与阀座接触不良,圆周面的圆度不好,粗糙度数值大,造成调压弹簧受力不平衡,使锥阀振荡加剧 （2）调压弹簧轴心线与端面不够垂直 （3）调压弹簧在定位杆上偏向一侧 （4）装配时阀座装偏 （5）调压弹簧侧向弯曲	（1）把封油面圆度误差控制在 0.005～0.01mm （2）提高锥阀精度,粗糙度应达 $Ra0.4\mu m$ （3）更换弹簧 （4）提高装配质量 （5）更换弹簧

2. 减压阀

减压阀常见故障及排除方法如表 5-5 所示。

表 5-5 减压阀常见故障及排除方法

故障现象		原因分析	排除方法
不起减压作用	使用错误	泄油口不通 （1）螺塞未拧开 （2）泄油管细长,弯头多,阻力太大 （3）泄油管与主回油管道相连,回油背压太大 （4）泄油通道堵塞、不通	（1）将螺塞拧开 （2）更换符合要求的油管 （3）泄油管必须与回油管道分开,单独流回油箱 （4）清洗泄油通道
不起减压作用	主阀故障	主阀阀芯在全开位置时卡死（如零件精度低,液压油过脏等）	修理、更换零件,检查油质,更换液压油
	锥阀故障	调压弹簧太硬,弯曲并卡住不动	更换弹簧
二次压力不稳定	主阀故障	（1）主阀阀芯与阀体几何精度差,工作时不灵敏 （2）主阀弹簧太软,压缩时或将主阀阀芯卡住,使阀芯移动困难 （3）阻尼小孔时堵时通	（1）检修,使其动作灵活 （2）更换弹簧 （3）清洗阻尼小孔

续表

故障现象		原因分析	排除方法
二次压力升不高	外泄漏	（1）顶盖接合面漏油，密封件老化失效，螺钉松动或拧紧力矩不均匀 （2）连接处漏油	（1）更换密封件，紧固螺钉，并保证力矩均匀 （2）紧固并消除外漏
	锥阀故障	（1）锥阀与阀座接触不良 （2）调压弹簧太软	（1）修理或更换 （2）更换

3. 顺序阀

顺序阀常见故障及排除方法如表 5-6 所示。

表 5-6 顺序阀常见故障及排除方法

故障现象	原因分析	排除方法
始终出油，顺序阀不起作用	（1）阀芯在打开位置上卡死（如几何精度差、间隙太小，弹簧弯曲、断裂，液压油太脏） （2）单向阀在打开位置上卡死（如几何精度差，间隙太小；弹簧弯曲、断裂；液压油太脏） （3）单向阀密封不良（如几何精度差） （4）调压弹簧断裂 （5）调压弹簧漏装 （6）未装锥阀或钢球	（1）修理，使配合间隙达到要求，并使阀芯移动灵活；检查油质，若不符合要求应过滤或更换；更换弹簧 （2）修理，使配合间隙达到要求，并使单向阀阀芯移动灵活；检查油质，若不符合要求，应过滤或更换；更换弹簧 （3）修理，使单向阀的密封良好 （4）更换弹簧 （5）补装弹簧 （6）补装
始终不出油，顺序阀不起作用	（1）阀芯在关闭位置上卡死（如几何精度差、弹簧弯曲、油脏） （2）控制液压油流动不畅（如阻尼小孔堵死，或远控管道被压扁堵死） （3）远控压力不足，或下端盖结合处漏油严重 （4）通向调压阀油路上的阻尼孔被堵死 （5）泄油管道中背压太高，使滑阀不能移动 （6）调节弹簧太硬，或压力调得太高	（1）修理，使滑阀移动灵活，更换弹簧；过滤或更换液压油 （2）清洗或更换管道，过滤或更换液压油 （3）提高控制压力，拧紧端盖螺钉并使之受力均匀 （4）清洗 （5）泄油管道不能接在回油管道上，应单独接油箱 （6）更换弹簧，适当调整压力
调定压力值不符合要求	（1）调压弹簧调整不当 （2）调压弹簧侧向变形，最高压力调不上去 （3）滑阀卡死，移动困难	（1）重新调整所需要的压力 （2）更换弹簧 （3）检查滑阀的配合间隙，修配，使滑阀移动灵活；过滤或更换液压油
振动与噪声	（1）回油阻力（背压）太高 （2）油温过高	（1）降低回油阻力 （2）控制油温在规定范围内
单向顺序阀反向不能回油	单向阀卡死，打不开	检修单向阀

4. 压力继电器

压力继电器常见故障及排除方法如表 5-7 所示。

表 5-7 压力继电器常见故障及排除方法

故障现象	原因分析	排除方法
无输出信号	(1) 微动开关损坏或与微动开关相接的触头未调整好 (2) 电气线路故障 (3) 阀芯卡死或阻尼孔堵死 (4) 进油管道弯曲、变形，使液压油流动不畅 (5) 调节弹簧太硬或压力调得过高 (6) 弹簧和顶杆装配不良，有卡滞现象	(1) 更换微动开关或精心调整，使触头接触良好 (2) 检查原因，排除故障 (3) 清洗，修配，达到要求 (4) 更换管子，使液压油流动顺畅 (5) 更换适宜的弹簧或按要求调节压力 (6) 重新装配，使动作灵敏
灵敏度太差	(1) 顶杆柱销处摩擦力过大，或钢球与柱塞接触处摩擦力过大 (2) 装配不良，动作不灵活 (3) 微动开关接触行程太长 (4) 调整螺钉、顶杆等调节不当 (5) 钢球不圆 (6) 阀芯移动不灵活 (7) 安装不当，如不平和倾斜安装	(1) 重新装配，使动作灵敏 (2) 重新装配，使动作灵敏 (3) 合理调整位置 (4) 合理调整螺钉和顶杆位置 (5) 更换钢球 (6) 清洗、修理 (7) 改为垂直或水平安装
发信号太快	(1) 膜片损坏 (2) 系统冲击压力太大	(1) 更换膜片 (2) 在控制管道上增设阻尼管，以减弱冲击

工作任务二 方向控制回路设计与仿真

学习情境描述

方向控制阀主要用来接通、关断或改变液压油的流动方向,从而控制执行元件的启动、停止或改变其运动方向。它包括单向阀和换向阀。相应的方向控制回路是液压传动系统的基本回路,常用于控制工作装置的运动方向。

塔式起重机是工程中常用的顶升设备,工作时需要顶升并保持不动,施工完成时降低塔身。液压传动系统要求顶升和下降过程中可在任意位置停止并锁止不动,可根据工作需求调节顶升和下降的速度。本任务要求设计能实现塔式起重机功能的液压传动系统。

关键知识点:方向控制阀的工作原理和图形符号;换向回路和锁止回路的工作原理。

关键技能点:利用锁止回路、卸荷回路,选用相应的液压元件设计回路并完成仿真和搭建。

学习目标

(1)掌握方向控制阀的工作原理和图形符号。
(2)掌握换向回路和锁止回路的工作原理。
(3)能熟练应用软件设计塔式起重机液压传动系统。
(4)初步熟悉液压试验台,在教师引导下规范使用试验台搭建液压传动系统。
(5)培养学生的自主学习能力和团结协作能力。
(6)培养学生良好的职业素养和6S能力。

任务书

本任务采用方向控制阀来实现塔式起重机的液压控制回路,仿真成功后利用液压试验台搭建回路并验证其功能完成性。

任务分组

根据班级人数和具体的实训要求对班级进行分组,填写小组信息表(见表5-8)。分组过程中注重人员的均衡分配,积极倡导学生实现自我管理,促使学生养成良好的学习习惯,提高学生的团队协作能力。

表 5-8 小组信息表

小 组 信 息					
班级名称		日期		指导教师	
小组名称		组长姓名		联系方式	
岗位分工	技术员	记录员	汇报员	观察员	资料员
组员姓名					

说明:组长负责统筹组织整个任务实施过程,技术员负责任务实施过程的操作,记录员负责过程记录工作,汇报员负责在分享信息时进行讲解汇报,观察员负责观察、总

结过程中忽略的问题、组员的工作效率问题及记录任务完成度等,资料员负责收集各类信息。任务中可根据具体情况由多人分担同一岗位的工作或一人身兼多职,可在不同任务中进行轮岗。小组成员要团结协作、积极参与。

获取信息

引导问题1:完成下列填空题。

(1)单向阀的作用是_____,正向通过时_____;反向通过时_____。

(2)_____当其控制油口无控制压力油作用时,只能_____导通;当有控制压力油作用时,正反均_____。

(3)机动换向阀利用运动部件上的_____压下阀芯使油路换向,换向时其阀口_____,故换向平稳,位置精度高。它必须安装在_____位置。

(4)电液换向阀由_____和_____组成。前者的作用是_____,后者的作用是_____。

(5)常用的电磁换向阀用来控制液压油的_____。大流量系统中,主换向阀应采用_____换向阀。

引导问题2:方向控制阀在回路中起什么作用?包括哪两种?

引导问题3:写出下列换向阀图形符号(见图5-10)的意义。

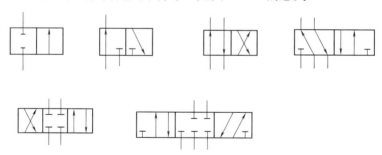

图5-10 不同位和通路的换向阀的图形符号

拓展知识

根据换向阀阀芯的运动方式和结构形式，换向阀可分为滑阀式、转阀式和锥阀式几种，其中以滑阀式应用最多。

按阀芯在阀体内的工作位置数分，换向阀有二位、三位和多位几种。

按换向阀所控制的油口通路数分，换向阀有二通、三通、四通、五通和多通几种。

按换向阀的操纵方式分，换向阀有手动、机动、液动和电液动等类型，如图5-11所示。

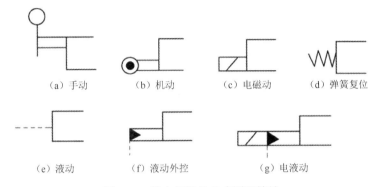

图 5-11　换向阀操纵方式图形符号

换向阀职能符号的含义如下：

（1）位数。位数是图形符号中的方格数，几个方格就表示有几个工作位置。

（2）通数。箭头"↑"表示两油口连通，不表示流向。堵塞符号"⊥"表示油口被阀芯封闭。在每个方格内，箭头两端或符号"⊥"与方格的交点数为油口的通路数，有几个交点就表示几通阀。

（3）常态位。三位阀的中间方格及二位阀侧面画有弹簧的那一个方格为常态位。在画液压传动系统图时，油路与换向阀的连接一般画在常态位方格上，同时，在常态位上应标出油口的代号。P表示进油口，A和B表示连接其他两个工作油路的油口，T表示接通油箱的回油口。

（4）控制与操纵。控制方式和复位弹簧的符号应画在方格的两侧。

引导问题4：普通单向阀和液控单向阀有什么不同？

工作计划

工作任务分为两部分：一是利用软件设计液压传动系统并进行仿真；二是利用液压

试验台搭建回路并演示。小组成员共同讨论工作计划,制订工作计划时要遵循分工清晰、全员参与和以完成任务为目的的原则。同时,要兼顾操作过程中可能出现的安全问题,并进行 6S 管理。

 提示

(1)列出本次工作任务中所用到的器材的名称、符号和数量。
(2)根据任务分析的情况,制定工作流程,完成工作计划流程表(见表 5-9),发送给指导教师审阅。
(3)注意学习液压试验台的操作规范。
(4)方向控制回路中的换向阀优先考虑使用手动换向阀。

表 5-9　工作计划流程表

			工作计划流程表		
	序　号	名　　称	符　　号	数　　量	备　注
实训所需器材、元件	1				
	2				
	3				
	4				
	5				
	6				
	7				
	8				
	序　号	工 作 步 骤	预计达成目标	责　任　人	备　注
工作计划	1				
	2				
	3				
	4				
	5				
	6				
	7				
	8				

引导问题 5:当工作装置在任意位置停止时,液压泵需要停止吗?

引导问题 6：本小组选择的回路中，换向阀采用的是几位阀？中位机能有什么功能（结合引导问题 5 考虑）？

拓展知识

液压传动系统中用到的三位换向阀，常态位置时各油口的连通情况称为中位机能。不同的中位机能可以满足液压传动系统的不同要求，在设计回路时应根据需求结合中位机能特性来选择换向阀，选用时应从执行元件的换向平稳性、换向位置精度、是否有压力冲击、是否需要保压和卸荷等方面考虑。表 5-10 列出了常见的中位机能的结构原理、机能代号、图形符号及机能特点和作用。

表 5-10 常见的中位机能

机能代号	结构原理图	中位图形符号		机能特点和作用
		三位四通	三位五通	
O				各油口之间全部封闭。液压缸两腔充满油，工作时从静止到启动平稳；制动时运动惯性引起的液压冲击大；换向精度高
P				压油口 P 与缸两腔相连通，回油口封闭，可用于差动回路，从静止到启动较平稳；制动时缸两腔均通压力油，故制动平稳
H				各油口之间全部连通，系统卸载，液压缸呈浮动状态，两腔接油箱，从静止到启动有冲击，制动时油口互通，故制动较平稳
Y				液压缸两腔通回油，缸呈浮动状态，工作时从静止到启动有冲击
K				液压泵卸载，液压缸一腔接回油，一腔封闭，两个方向换向时性能有所不同
M				液压泵卸载，缸两腔封闭，可用于液压泵卸载、液压缸锁紧的液压回路中

优化决策

（1）各小组汇报各自的工作方案，教师根据各小组完成情况进行点评。

（2）各小组根据教师反馈进行讨论，完善工作方案。

引导问题 7：液控单向阀控制的锁止回路有什么特点？

具体实施

各小组严格按照分工开始工作，全员参与，确保操作规范、安全。

1. 塔式起重机液压传动系统设计与仿真

各小组根据工作计划工作，利用软件设计回路，并在软件上模拟仿真。根据模拟仿真的结果进一步细化方案，并确定最终方案。

2. 利用试验台搭建回路

根据设计方案，查找相应的元件，对回路进行实物搭建演示。熟悉液压试验台的规范操作。

提示

（1）注意学习设备的规范操作方法和安全注意事项。

（2）实训前，应了解本小组的实训内容和主要实训步骤。

（3）必须熟悉所用液压元件的安装方法和使用场合。应先确定元件的安装位置，布局须合理。

（4）选择好相关元件后，用带快换接头的油管连接各元件。连接完成后，必须经指导教师审核通过，方可启动试验台。

（5）实训结束后，所用的液压控制元件需放回原处，经检查合格后，方可离开试验台。

3. 成果分享

随机抽取 2~3 个小组分别展示和讲解各自任务完成情况，讨论工作过程中出现的问题。针对问题，指导教师及时进行现场指导和分析。

4. 问题反思

引导问题 8：在实训过程中发现问题，是否做到立即关闭液压泵，使回路释压后再检查问题？

引导问题 9：简述实训过程中需要注意的事项。

质量控制

引导问题 10：设计的回路是否能用二位阀代替，为什么？

引导问题 11：回路中的锁止功能是否可以利用三位阀的中位机能实现，为什么？

评价反馈

综合整个实训过程，结合任务实施过程中各组员的表现，落实 6S 管理工作。小组成员各自完成"自我评价"，组长和观察员完成"小组评价"，教师完成"教师评价"（见表 5-11），最终根据学生在任务实施过程中的表现，教师给予评价。

表 5-11 评价表

班级		姓名		学号		日期	
序号	考核项目	自我评价（15%）		小组评价（45%）		教师评价（40%）	汇总
职业素养考核项目（40%）	遵守安全操作规范						
	遵守纪律，团结协作						
	态度端正，工作认真						
	做好6S管理						
专业能力考核项目（60%）	能按要求设计回路并仿真						
	能根据要求正确选择实训元件						
	能按照操作规范连接回路						
	搭建的回路能实现预定功能						
	能正确拆装元件						
	能正确分析问题和得出结论						
合计							
总分及评价							

课后拓展

结合任务要求，利用电磁换向阀替换手动换向阀设计回路，并设计电气控制原理图。

学习情境相关知识点

一、换向阀的结构和换向回路

1. 手动换向阀

手动换向阀是由操作者直接操纵阀芯换位的方向控制阀。图 5-12 所示为三位四通手动换向阀,手柄不动时,阀芯处于中位(图示位置),此时油口 P、A、B、T 被阀芯全部封闭;向右推动手柄时,阀芯移至左位,油口 P、B 相通,A、T 相通;向左推动手柄时,阀芯移至右位,油口 P、A 相通,B、T 相通,从而实现换向。弹簧起复位作用。

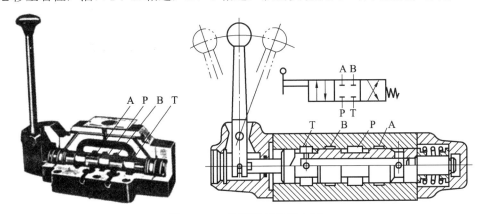

图 5-12 三位四通手动换向阀

2. 机动换向阀

机动换向阀依靠行程挡块(或凸轮)推动阀芯移动实现换向,主要用于检测和控制机械运动部件的行程,又称行程阀。最常用的机动换向阀是二位二通阀,分为常开和常闭两种。如图 5-13 所示,阀芯在常态位时,油口 P 与 A 不相通;当阀芯动作时,油口 P 与 A 相通。

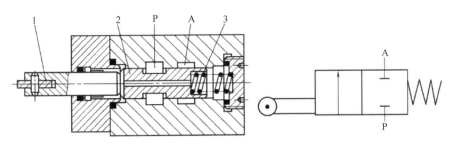

1—滚轮;2—阀芯;3—弹簧

图 5-13 机动换向阀

3. 电磁换向阀

电磁换向阀也称电磁阀,它利用电磁铁通电后产生的电磁力推动阀芯换位。按使用电源不同,电磁换向阀分为交流电磁换向阀和直流电磁换向阀两种。图 5-14 所示为三位四通电磁换向阀的结构和图形符号。当电磁铁不通电时,阀芯在两端弹簧的作用下处于中位,油口被阀芯封闭,P、A、B、T 均不相通。左边电磁铁通电时产生向右的作用力,阀芯右移,此时油口 P、A 接通,油口 B、T 接通;若右边电磁铁通电,则产生向左的作用力,阀芯左移,油口 P、B 接通,油口 A、T 接通。

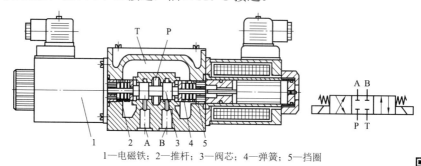

1—电磁铁;2—推杆;3—阀芯;4—弹簧;5—挡圈

图 5-14 三位四通电磁换向阀的结构和图形符号

4. 液动换向阀

液动换向阀是利用控制油路的压力油来推动阀芯换位的。液动换向阀的优点是结构简单,动作可靠、平稳,可用于流量大的液压传动系统中。图 5-15 所示为三位四通液动换向阀的结构及图形符号。当左右两端控制油口 C_1、C_2 没有压力油流入时,阀芯在弹簧力的作用下处于中位,油口被阀芯封闭,此时油口 P、A、B、T 互不相通。当控制油路的压力油从控制油口 C_1 进入时,阀芯在油压的作用下右移,此时油口 P、B 接通,油口 A、T 接通。当控制油压从控制油口 C_2 进入时,阀芯在油压的作用下左移,油口 P、A 接通,油口 B、T 接通。

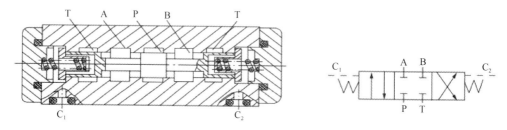

图 5-15 三位四通液动换向阀的结构和图形符号

5. 电液换向阀

电液换向阀由电磁换向阀和液动换向阀组合而成。其中液动换向阀实现主油路的换向,称为主阀;电磁换向阀改变液动换向阀的控制油路的方向,称为先导阀。电液换向阀综合了电磁换向阀和液动换向阀的特点,具有控制方便、流量大的特点。

图 5-16 所示为电液换向阀的结构和图形符号。当先导阀的两端电磁铁都断电时,先导阀阀芯处于中位,控制油口 P 关闭,主阀阀芯两侧均不通压力油,在弹簧的作用下处于中位,各油口均不通。当左边电磁铁通电时,先导阀阀芯右移,来自主阀油口 P 的压

力油可经先导阀油口流入主阀阀芯左边控制油口,推动主阀阀芯右移,于是主阀处于左位,此时油口 P、A 相通、油口 B、T 相通;同理,当右边电磁铁通电时,油口 P、B 相通、油口 A、T 相通。电液换向阀有内控、外控之分,也有内泄、外泄之分。图 5-16 所示为内控外泄式三位四通电液换向阀。

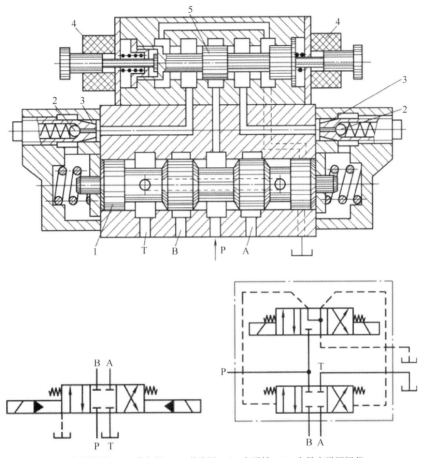

1—主阀阀芯;2—单向阀;3—节流阀;4—电磁铁;5—先导电磁阀阀芯

图 5-16 三位四通电液换向阀的结构和图形符号

二、单向阀与锁紧回路

1. 普通单向阀

普通单向阀的作用是仅允许液压油沿一个方向通过,反向则截止。工作时要求其在液压油正向通过时压力损失小,反向截止时密封性能好。单向阀分为管式和板式连接两种,如图 5-17 所示。当压力油从进油口 P_1 进入单向阀时,油压克服弹簧力的作用推动阀芯右移,油路接通,液压油经过阀芯上的径向孔 a 和轴向孔 b,从 P_2 口流出;当压力油从 P_2 口流入时,阀芯在油压以及弹簧力的作用下紧压在阀体 1 上,阀口关闭,液压油不能通过。

普通单向阀中弹簧力很小,仅起阀芯复位作用。普通单向阀的开启压力为 0.03~

0.05MPa。若更换较硬的弹簧,则普通单向阀的开启压力为 0.3～0.6MPa,将其安装在回油管道中可作背压阀使用。

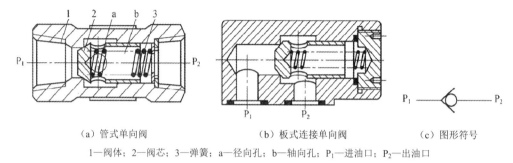

(a) 管式单向阀　　　　(b) 板式连接单向阀　　　　(c) 图形符号

1—阀体；2—阀芯；3—弹簧；a—径向孔；b—轴向孔；P_1—进油口；P_2—出油口

图 5-17　单向阀

2. 液控单向阀

图 5-18 所示为一种液控单向阀的结构及图形符号,与普通单向阀相比,液控单向阀多了一个控制油口 K。当控制油口不通压力油时,液控单向阀的作用与普通单向阀一样,液压油只能从进油口 P_1 流向出油口 P_2。当控制油口通压力油时,油压作用在活塞上,产生向右作用力,活塞克服阀芯的弹簧力和油压顶开单向阀阀芯,阀口开启,进、出油口的液压油可实现双向流动。

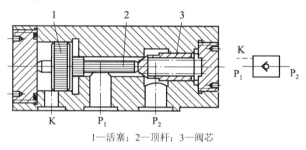

1—活塞；2—顶杆；3—阀芯

图 5-18　液控单向阀的结构及图形符号

3. 锁紧回路

锁紧回路用于控制执行元件在任意位置停留,且不会因外力作用而移动。如图 5-19 所示,在液压缸两油路上串联液控单向阀,利用液控单向阀良好的密封性能,使液压缸可靠且长时间锁紧。当换向阀 2 的阀芯处于中位时,液压缸两腔进、出油口被液控单向阀封闭而锁紧。当换向阀阀芯左移时,换向阀油口接通,压力油经阀 4 进入液压缸左腔,同时进入阀 3 的控制油口,打开阀 3,液压缸右腔的压力油经阀 3 和换向阀流回油箱,活塞向右运动,反之活塞向左运动。这种回路广泛应用于工程机械、起重机等要求较高锁止精度的场合。

图 5-19　锁紧回路

工作任务三 压力控制回路设计与仿真

> **学习情境描述**

液压钻床是一种用来钻孔、扩孔、铰孔的常用设备。工件夹紧和钻床加工时的上下运动是利用液压传动系统来控制的,液压传动系统由一个液压泵供油,由两个双作用液压缸驱动。在实际生产过程中加工工件的材料、形状和加工要求可能不同,所以加工时需要的夹紧力也不同,因此工作时夹紧液压缸的夹紧力应能根据需要进行调定,并能在工作时保持稳定。可利用压力控制阀来设计满足上述要求的液压回路。

关键知识点:减压回路、顺序动作回路的工作原理。

关键技能点:利用减压回路、顺序动作回路及液压元件设计回路并完成仿真和搭建。

学习目标

(1)掌握各压力控制回路的工作原理。
(2)能利用各压力控制回路设计液压控制系统。
(3)能规范使用液压试验台完成回路搭建和演示。
(4)培养学生的自主学习能力和团结协作能力。
(5)培养学生良好的职业素养和 6S 能力。

任务书

根据液压钻床的工作过程和控制要求,设计能实现具体功能的回路,利用软件进行仿真,再通过液压试验台进行搭建和演示。系统中为避免夹紧力太大导致工件损坏,要求夹紧缸的工作压力低于加工时进给缸的工作压力。同时为了保证加工安全,进给缸必须在夹紧缸达到规定压力值时才开始进给加工。

任务分组

根据班级人数和具体的实训要求对班级进行分组,填写小组信息表(见表 5-12)。分组过程中注重人员的均衡分配,积极倡导学生实现自我管理,促使学生养成良好的学习习惯,提高学生的团队协作能力。

表 5-12 小组信息表

小 组 信 息					
班级名称		日期		指导教师	
小组名称		组长姓名		联系方式	
岗位分工	技术员	记录员	汇报员	观察员	资料员
组员姓名					

说明:组长负责统筹组织整个任务实施过程,技术员负责任务实施过程的操作,记录员负责过程记录工作,汇报员负责在分享信息时进行讲解汇报,观察员负责观察、总

结过程中忽略的问题、组员的工作效率问题及记录任务完成度等,资料员负责收集各类信息。任务实施过程中可根据具体情况由多人分担同一岗位的工作或一人身兼多职,可在不同任务中进行轮岗。小组成员要团结协作、积极参与。

信息获取

引导问题 1:回答下列选择题。

(1)在液压传动系统中,( )可用作背压阀。

A．溢流阀　　　　　　B．减压阀　　　　　　C．液控顺序阀

(2)顺序动作回路可用( )来实现。

A．单向阀　　　　　　B．溢流阀　　　　　　C．压力继电器

(3)为使减压回路可靠地工作,其最高调定压力应( )系统压力。

A．大于　　　　　　　B．小于　　　　　　　C．等于

(4)系统中采用了内控外泄顺序阀,顺序阀的调定压力为 p_x(阀口全开时损失不计),其出口负载压力为 p_L。当 $p_L > p_x$ 时,顺序阀进、出口压力 p_1 和 p_2 之间的关系为( )。

A．$p_1 = p_x$,$p_2 = p_L$($p_1 \neq p_2$)　　　　　　B．$p_1 = p_2 = p_L$

C．p_1 上升至溢流阀调定压力 $p_1 = p_y$,$p_2 = p_L$　　D．$p_1 = p_2 = p_x$

(5)有两个调定压力分别为 5MPa 和 10MPa 的溢流阀并联在液压泵的出口,泵的出口压力为( )。

A．5MPa　　　　　B．10MPa　　　　　C．15MPa　　　　　D．20MPa

(6)在减压回路中,减压阀调定压力为 p_j,溢流阀调定压力为 p_y,主油路暂不工作,二次回路的负载压力为 p_L。若 $p_y = p_j = p_L$,减压阀的阀口状态为( )。

A．阀口处于小开口的减压工作状态

B．阀口处于完全关闭状态,不允许液压油通过阀口

C．阀口处于基本关闭状态,但仍允许少量的液压油通过阀口流至先导阀

D．阀口处于全开启状态,减压阀不起减压作用

(7)减压阀的进口压力为 40×10^5Pa,调定压力为 60×10^5Pa,减压阀的出口压力为( )。

A．40×10^5Pa　　　B．60×10^5Pa　　　C．100×10^5Pa　　　D．140×10^5Pa

引导问题 2:回答下列判断题。

(1)背压阀的作用是使液压缸的回油腔具有一定的压力,保证运动部件工作平稳。( )

(2)当液控顺序阀的出油口与油箱连接时,称为卸荷阀。( )

(3)直控顺序阀利用外部控制油的压力来控制阀芯的移动。( )

(4)顺序阀可用作溢流阀。( )

(5)外控式顺序阀阀芯的启闭是利用进油口压力来控制的。( )

(6)比例溢流阀不能对进口压力进行连续控制。( )

引导问题 3：溢流阀在液压回路中常用于哪些场合？

工作计划

工作任务分为两部分：一是利用软件设计液压传动系统并进行仿真；二是利用液压试验台搭建回路并演示。小组成员共同讨论工作计划，制订工作计划时要遵循分工清晰、全员参与和以完成任务为目的的原则。同时，要兼顾操作过程中可能出现的安全问题，并进行 6S 管理。

 提示

（1）列出本次工作任务中所用到的器材的名称、符号和数量。

（2）根据任务分析的情况，制定工作流程，完成工作计划流程表（见表5-13），发送给指导教师审阅。

（3）注意分析液压钻床对于压力的要求。

表 5-13　工作计划流程表

	序　号	名　　称	符　　号	数　量	备　　注
实训所需器材、元件	1				
	2				
	3				
	4				
	5				
	6				
	7				
	8				
	序　号	工作步骤	预计达成目标	责任人	备　　注
工作计划	1				
	2				
	3				
	4				
	5				
	6				
	7				
	8				

引导问题 4：本小组设计的回路中，换向阀采用的是几位阀？此回路中位机能需要什么功能？

优化决策

（1）各小组汇报各自的工作方案，教师根据各小组完成情况进行点评。
（2）各小组根据教师反馈进行讨论，完善工作方案。

具体实施

小组分工明确，全员参与，确保操作规范、安全。

1. 设计液压钻床控制回路并进行回路仿真

各小组根据工作计划进行工作，利用软件设计液压钻床控制回路，并在软件上模拟仿真。根据模拟仿真的结果进一步细化方案，确定最终方案。

提示

应在需要检测压力的点位安放好压力表。

2. 搭建液压钻床控制回路

根据设计方案，查找相应的元件，对液压钻床控制回路进行实物搭建并演示。

提示

（1）注意压力控制阀的类型。
（2）实训前，应了解本小组的实训内容和主要实训步骤。
（3）必须熟悉所用液压元件的安装方法和使用场合。应先确定液压元件的安装位置，布局须合理。
（4）选择好相关液压元件后，用带快换接头的油管连接各液压元件。连接完成后，须经指导教师审核通过，方可启动试验台。
（5）实训结束后，所用的液压元件需放回原处，经检查合格后，方可离开试验台。

3. 成果分享

随机抽取 2~3 个小组分别展示和讲解各自任务完成情况，讨论工作过程中出现的问题。针对问题，指导教师及时进行现场指导和分析。

4. 问题反思

引导问题 5：减压阀在液压回路中常用于哪些场合？

引导问题 6：顺序阀在液压回路中常用于哪些场合？

引导问题 7：液压回路中的各阀压力调定后，是否能够随意改变？

质量控制

引导问题 8：若将溢流阀、减压阀的进、出油口反接，会出现什么情况？

引导问题 9：液压泵卸荷的目的是什么？有哪些方式？

引导问题 10：回路中夹紧缸和进给缸的动作顺序是否满足回路要求？

评价反馈

综合整个实训过程，结合任务实施过程中各组员的表现，落实 6S 管理工作。小组成员各自完成"自我评价"，组长和观察员完成"小组评价"，教师完成"教师评价"（见表 5-14），最终根据学生在任务实施过程中的表现，教师给予评价。

表 5-14 评价表

班级		姓名		学号		日期	
序 号	考核项目	自我评价（15%）		小组评价（45%）		教师评价（40%）	汇 总
职业素养考核项目（40%）	遵守安全操作规范						
	遵守纪律，团结协作						
	态度端正，工作认真						
	做好 6S 管理						
专业能力考核项目（60%）	能按要求设计回路并仿真						
	能根据要求正确选择实训元件						
	能正确按照操作规范连接回路						
	搭建的回路能实现相应的功能						
	能正确拆装元件						
	能正确分析问题和得出结论						
	合计						
	总分及评价						

课后拓展

可在系统中作为背压阀使用的阀有哪些？它们的性能有何不同？当单向阀作背压阀使用时，应如何改进？

项目五 液压基本控制回路设计

◆ 学习情境相关知识点 ◆

在液压传动系统中，为满足液压设备执行元件对力或力矩的要求，利用压力控制元件来控制系统或系统某一支路的压力，实现调压、稳压、减压、卸荷等目的的回路，称为压力控制回路。它主要包括调压回路、减压回路、卸荷回路、平衡回路、保压回路等。

一、调压回路

液压传动系统中的压力与负载相适应并保持稳定或为了安全而限定系统的最高压力，都是利用调压回路进行调节的。下面主要介绍常用的调压回路。

1. 单级调压回路

图 5-20（a）所示为单级调压回路。这种调压回路采用定量泵 1 供油，通过溢流阀 2 调节液压泵的压力，以限定液压传动系统的最高工作压力。

2. 二级调压回路

如图 5-20（b）所示，先导式溢流阀 2 的控制油口接二位二通电磁阀 3 和远程调压阀 4，当阀 3 处于常态位置时，系统压力由阀 2 调定。当阀 3 通电时，右位接入回路，阀 4 起先导作用，控制阀 2 的主阀阀芯启闭，此时系统压力由阀 4 调定。二级调压回路能调节两种不同的系统压力，但阀 4 的调定压力一定要小于阀 2 的调定压力。

3. 多级调压回路

如图 5-20（c）所示，三位四通电磁换向阀处于常态位置时，系统的压力最高，由主溢流阀 1 来调定。换向阀上位工作时，系统压力由阀 2 来调定；换向阀下位工作时，系统压力由阀 3 来调定。

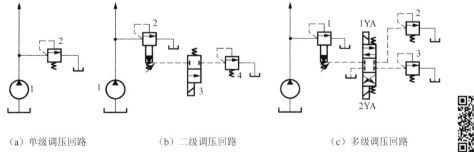

（a）单级调压回路　　（b）二级调压回路　　（c）多级调压回路

图 5-20　常用的调压回路

二、减压回路

减压回路的作用是使液压传动系统中某一支路具有低于系统压力的稳定压力。减压回路一般由减压阀实现，如机床系统中的定位、夹紧回路以及液压元件的控制油路等。

图 5-21（a）所示为一级减压回路。先导式溢流阀 6 调整系统压力，减压阀 2 调整液压缸 5 的工作压力。当主油路的压力降低到小于减压阀的调定压力时单向阀 3 可防止液压油倒流，起保护和短时间保压的作用。

图 5-21（b）所示为二级减压回路。它是在先导式减压阀 7 的远程控制口接溢流阀 8 使减压回路获得两种不同的压力；当电磁换向阀在常态位置时，减压阀出口处的压力由减压阀调定。若换向阀通电后右位接入回路，减压阀出口处的压力则由溢流阀调定。

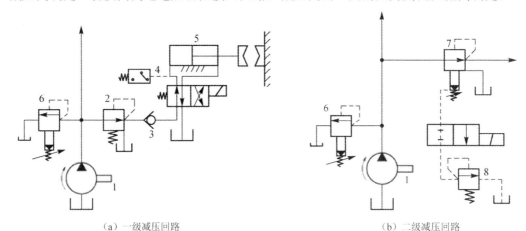

（a）一级减压回路　　　　　　　　　　（b）二级减压回路

1—液压泵；2—减压阀；3—单向阀；4—压力继电器；5—液压缸；
6—先导式溢流阀；7—先导式减压阀；8—溢流阀

图 5-21　常用的减压回路

三、卸荷回路

液压设备在工作循环中短时间不工作时，为避免电动机频繁启闭而损坏，也为了减少功率损耗，减少系统发热，延长液压泵和原动机的寿命，在液压传动系统中设有卸荷回路，使液压泵在不停止工作的情况下，其输出的液压油直接流回油箱。常见的卸荷回路有以下几种。

1. 利用换向阀中位机能的卸荷回路

利用三位换向阀的 M 型、H 型和 K 型中位机能，使液压泵输出的液压油经换向阀中位直接流回油箱实现卸荷，如图 5-22 所示。这种卸荷回路适用于低压、小流量的场合，在大流量液压传动系统里，可利用电液换向阀的 M 型中位机能。这种回路切换时的压力冲击小，但回路中必须设置单向阀。

2. 使用二位二通电磁换向阀的卸荷回路

如图 5-23 所示，当液压泵出油口的二位二通电磁换向阀通电在左位工作时，液压泵与油箱连接，实现卸荷。这种卸荷回路仅适用于流量小于 40L/min 的场合。

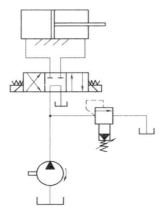
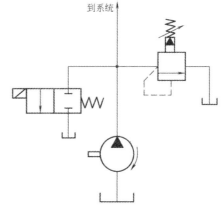

图 5-22 利用换向阀中位机能的卸荷回路　　图 5-23 使用二位二通电磁换向阀的卸荷回路

3. 使用溢流阀的卸荷回路

如图 5-24 所示,将溢流阀的远程控制口和二位二通电磁换向阀相接,便构成一种使用先导式溢流阀的卸荷回路。这种卸荷回路卸荷压力小,切换时冲击也小。

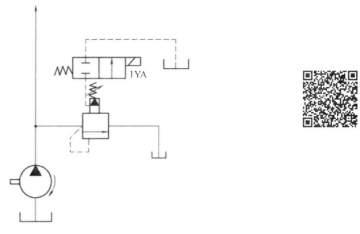

图 5-24 使用溢流阀的卸荷回路

四、保压回路

1. 用蓄能器的保压回路

如图 5-25 所示,利用蓄能器的保压回路是指借助蓄能器来保持系统压力,补偿系统泄漏。当主换向阀在左位工作时,液压缸向右运动压紧工件,进油管道压力升高至调定值,压力继电器动作促使换向阀通电,液压泵即卸荷,单向阀关闭,液压缸则由蓄能器保压。当液压缸压力不足时,压力继电器复位使液压泵重新工作。保压时间的长短取决于蓄能器容量,调节压力继电器的工作区间即可调节液压缸中压力的最大值和最小值。

2. 用压力补偿变量泵保压的卸荷回路

如图 5-26 所示,当活塞运动到终点或换向阀处于中位时,泵压力升高,输出流量减小；当泵压力升高到预调的最大值时，泵的流量很小，只用来补充液压缸或换向阀的泄漏，从而实现回路保压。

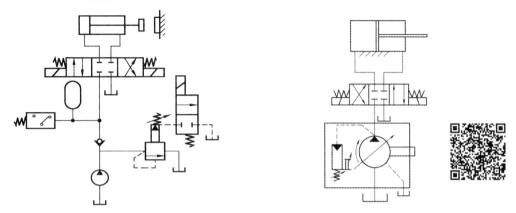

图 5-25 用蓄能器的保压回路　　　　图 5-26 用压力补偿变量泵保压的卸荷回路

五、平衡回路

对于液压缸垂直放置的立式设备，运动部件悬空停止会因自重而下滑，或在下行运动中因自重造成失速的不稳定运动，严重的可能会引起事故。平衡回路的作用在于使液压执行元件的回油管道中保持一定的背压，以平衡重力，使之不会因自重而自行下落。

1. 采用单向顺序阀的平衡回路

如图 5-27 所示，在系统执行元件回油管道上安装一个单向顺序阀，它的调定压力稍大于因工作部件自重在液压缸下腔中形成的压力。当换向阀处于中位时，活塞可停在任意位置而不会因自重下滑。这种平衡回路在活塞下行时，回油腔中有一定的背压，因此活塞运动平稳。但系统的功率损失较大，又由于滑阀结构的顺序阀和换向阀存在泄漏液压油的情况，活塞不能长时间停留，因此它只适用于工作部件质量不大、对活塞停止时定位精度要求不高的场合。

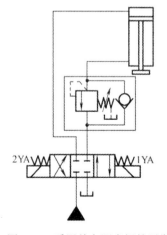

图 5-27 采用单向顺序阀的平衡回路

2. 采用液控顺序阀的平衡回路

如图 5-28 所示,当换向阀右位接入回路时,压力油打开液控顺序阀,背压消失,活塞下行;换向阀复位时,液控顺序阀关闭以防止活塞和工作部件因自重而下降。这种平衡回路工作时安全可靠;缺点是活塞下行时平稳性较差。这是因为活塞下行时,液压缸上腔油压降低,液控顺序阀会关闭,导致活塞停止下行。当液压缸上腔油压升高后,又打开液控顺序阀。因此液控顺序阀始终处于启、闭的交替状态,影响液压缸运动的稳定性。这种平衡回路适用于运动部件质量不大、停留时间较短的液压传动系统。

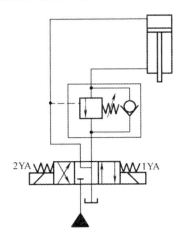

图 5-28 采用液控顺序阀的平衡回路

工作任务四　速度控制回路设计与仿真

学习情境描述

速度控制回路是液压传动系统中改变执行元件运动速度，满足工作装置速度要求的基本回路。本任务要求利用速度控制的基本回路，设计能实现一定速度控制要求的液压控制系统。

专用刨削设备刀架系统由液压控制系统控制。刀架的往复运动由液压缸带动。按下控制按钮时液压缸带动刀架快速靠近工件。当刀架运动到预定位置后，液压缸工作进给，开始加工。当刀架运动到行程终了时，液压缸带动刀架快速返回。工作进给可以根据加工要求进行调节。刀架系统要求能实现空载快进→工作进给一→工作进给二→快退的自动速度调节的工作循环。

关键知识点：速度控制阀的工作原理和图形符号；速度控制回路的工作原理。

关键技能点：利用速度控制回路及选用相应的液压元件设计回路并完成仿真和搭建。

学习目标

（1）掌握速度控制阀的工作原理、图形符号。
（2）掌握速度控制回路的工作原理。
（3）能利用速度控制回路设计液压控制系统。
（4）培养学生的自主学习能力和团结协作能力。
（5）培养学生良好的职业素养和 6S 能力。

任务书

利用软件设计能实现空载快进→工作进给一→工作进给二→快退的自动速度调节的工作循环的刀架系统回路，并在液压试验台上验证。

任务分组

根据班级人数和具体的实训要求对班级进行分组，填写小组信息表（见表 5-15）。分组过程中注重人员的均衡分配，积极倡导学生实现自我管理，促使学生养成良好的学习习惯，提高学生的团队协作能力。

表 5-15　小组信息表

小 组 信 息					
班级名称		日期		指导教师	
小组名称		组长姓名		联系方式	
岗位分工	技术员	记录员	汇报员	观察员	资料员
组员姓名					

说明：组长负责统筹组织整个任务实施过程，技术员负责任务实施过程的操作，记

录员负责过程记录工作，汇报员负责在分享信息时进行讲解汇报，观察员负责观察、总结过程中忽略的问题、组员的工作效率问题及记录任务完成度等，资料员负责收集各类信息。任务实施过程中可根据具体情况由多人分担同一岗位的工作或一人身兼多职，可在不同任务中进行轮岗。小组成员要团结协作、积极参与。

获取信息

引导问题1：速度控制阀的类型有哪些？在液压传动系统中起到什么作用？

引导问题2：速度控制回路的种类有哪些？

引导问题3：实现快速动作的方式有哪些？

工作计划

工作任务分为两部分：一是利用软件设计液压控制系统并进行仿真；二是利用液压试验台搭建回路，观察其动作过程。小组成员共同讨论工作计划，制订工作计划时要遵循分工清晰、全员参与和以完成任务为目的的原则。同时，要兼顾操作过程中可能出现的安全问题，并进行6S管理。

提示

（1）列出本次工作任务中所用到的器材的名称、符号和数量。

（2）根据任务分析的情况，制定工作流程，完成工作计划流程表（见表5-16），发送给指导教师审阅。

（3）注意分析刨削设备刀架系统对于压力的要求。

表 5-16 工作计划流程表

	工作计划流程表				
	序号	名称	符号	数量	备注
实训所需器材、元件	1				
	2				
	3				
	4				
	5				
	6				
	7				
	8				
	序号	工作步骤	预计达成目标	责任人	备注
工作计划	1				
	2				
	3				
	4				
	5				
	6				
	7				
	8				

优化决策

（1）各小组汇报各自的工作方案，教师根据各小组完成情况进行点评。

（2）各小组根据教师反馈进行讨论，完善工作方案。

引导问题 4：本小组选择的回路中，换向阀采用的是几位阀？中位机能需要实现什么功能？

引导问题 5：节流调速回路的种类有哪些？分别应用于什么场合？

具体实施

小组分工明确，全员参与，确保操作规范、安全。

1. 设计刨削设备控制回路并进行回路仿真

各小组根据工作计划进行工作，利用软件设计刨削设备控制回路，并在软件上模拟仿真。根据模拟仿真的结果进一步细化方案，确定最终方案。

2. 搭建刨削设备控制回路

根据设计方案，查找相应的元件，对刨削设备控制回路进行实物搭建并演示。

提示

（1）注意工作进给一和工作进给二速度控制阀的调节。
（2）实训前，应了解本小组的实训内容和主要实训步骤。
（3）必须熟悉所用液压元件的安装方法和使用场合。应先确定液压元件的安装位置，布局须合理。
（4）选择好相关液压元件后，用带快换接头的油管连接各液压元件。连接完成后，须经指导教师审核通过，方可启动试验台。
（5）实训结束后，所用的液压元件需放回原处，经检查合格后，方可离开试验台。

3. 成果分享

随机抽取 2~3 个小组分别展示和讲解各自任务完成情况，讨论工作过程中出现的问题。针对问题，指导教师及时进行现场指导和分析。

4. 问题反思

引导问题 6：所模拟仿真的回路能否正常实现任务要求的功能？

引导问题 7：液压系统中差动连接如何实现速度调节？

质量控制

引导问题 8：普通节流阀在使用过程中跟调速阀有什么区别？

引导问题 9：回路中的工作进给一和工作进给二的速度控制还有没有其他实现方式？

评价反馈

综合整个实训过程，结合任务实施过程中各组员的表现，落实 6S 管理工作。小组成员各自完成"自我评价"，组长和观察员完成"小组评价"，教师完成"教师评价"（见表 5-17），最终根据学生在任务实施过程中的表现，教师给予评价。

表 5-17 评价表

班级		姓名		学号		日期	
序号	考核项目	自我评价（15%）	小组评价（45%）	教师评价（40%）		汇总	
职业素养考核项目（40%）	遵守安全操作规范						
	遵守纪律，团结协作						
	态度端正，工作认真						
	做好 6S 管理						
专业能力考核项目（60%）	能按要求设计回路并仿真						
	能根据要求正确选择实训元件						
	能正确按照操作规范连接回路						
	搭建的回路能实现相应的功能						
	能正确拆装元件						
	能正确分析问题和得出结论						
合计							
总分及评价							

课后拓展

对设计的回路进行优化改进，实现快进→工作进给一→工作进给二→返回→停止的工作循环，并设计出电气控制原理图。

项目五 液压基本控制回路设计

◆ 学习情境相关知识点 ◆

一、流量控制阀

流量控制阀依靠改变阀口通流面积的大小来控制节流口的流量,从而实现对执行元件(液压缸或液压马达)运动速度的调节和控制。流量控制阀有节流阀、调速阀等。

一种典型的节流阀的结构和图形符号如图 5-29 所示。液压油从进油口 P_1 进入,经阀芯上的三角槽节流口,从出油口 P_2 流出。调节手柄 3,可通过推杆 2 使阀芯 1 做轴向移动,从而改变节流口的通流面积,改变通过阀口的流量。阀芯在弹簧 4 的作用下始终与推杆贴紧。

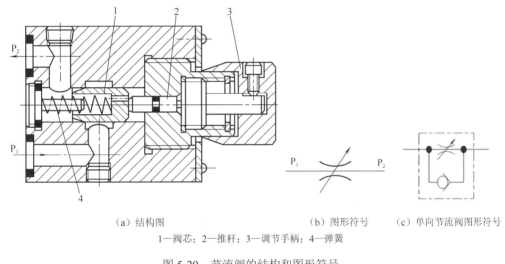

(a)结构图　　　　　　　(b)图形符号　　(c)单向节流阀图形符号

1—阀芯;2—推杆;3—调节手柄;4—弹簧

图 5-29　节流阀的结构和图形符号

节流阀的流量不仅取决于节流口通流面积的大小,还与节流口前后压差有关,而且阀的刚度较小,故一般用于执行元件负载变化小和速度稳定性不高的场合。常常将节流阀与单向阀组合构成单向节流阀,一个方向的液压油流经节流阀,起节流作用;另一个方向的液压油流经单向阀,无节流作用。

二、调速阀

节流阀在调速回路中使用时,变载荷后运动平稳性都比较差。为了克服这个缺点,回路中的节流阀可由调速阀来代替。

如图 5-30 所示,调速阀由定差减压阀 1 与节流阀 2 串联而成,其中定差减压阀能自动保持节流阀前、后的压差不变,从而使通过节流阀的流量不受负载变化的影响。工作时节流阀前后压力油分别流入减压阀左端和右端,当执行元件负载变大时,工作压力 p_3 增大,导致作用于减压阀右端的液压力增大,阀芯左移,减压阀阀口变大,压降减小,p_2 也增大,从而使节流阀两端压差总保持不变,执行元件负载减小时亦然。

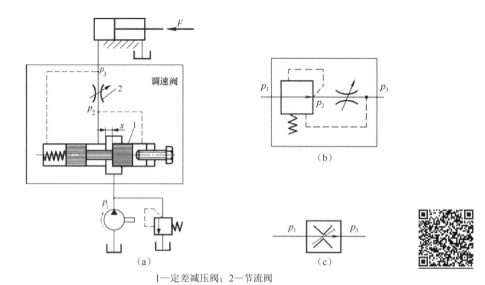

1—定差减压阀；2—节流阀

图 5-30　调速阀工作原理图

三、速度控制回路

速度控制回路是控制和调节液压执行元件运动速度的基本回路。在液压传动系统中，速度控制回路包括调速回路、快速运动回路及速度换接回路。

（一）调速回路

调速回路是用来调节执行元件工作速度的回路，有以下三种。

（1）节流调速回路：采用定量泵供油，由流量阀改变进入执行元件的流量来实现调速。

（2）容积调速回路：采用变量泵或变量马达实现调速。

（3）容积节流调速回路：采用变量泵和流量阀相配合实现调速。

1. 节流调速回路

节流调速回路结构简单，成本低，维修方便，应用广泛。但其能量损失大，效率低，发热量大，故一般只适用于小功率场合。节流调速回路按其节流阀在回路中位置不同可分为进油管道节流调速回路、回油管道节流调速回路和旁油管道节流调速回路。

1）进油管道节流调速回路

如图 5-31 所示，节流阀串联在液压泵和执行元件之间，控制进入液压缸的流量，以达到调速的目的。定量泵多余的液压油通过溢流阀流回油箱，泵出口压力为溢流阀的调定压力并基本保持不变。这种调速回路的速度负载特性较软。在供油压力已经调定的情况下，回路的最大承载能力不变。进油管道节流调速回路适用于轻载、低速、负载变化不大和对速度稳定性要求不高的小功率液压传动系统。

2）回油管道节流调速回路

如图 5-32 所示，把节流阀串联在执行元件的回油管道上，用节流阀调节液压缸的回油流量,也就控制了进入液压缸的液压油流量。定量泵多余的液压油经溢流阀流回油箱,泵出口压力为溢流阀的调定压力并基本保持不变。回油管道节流调速回路的节流阀使液压缸回油腔形成一定的背压,因此能承受负值负载作用。由于有背压存在,液压缸运动平稳性好。为了提高回路的综合性能,常采用在进油管道上设节流阀,并在回油管道上加背压阀的回路。

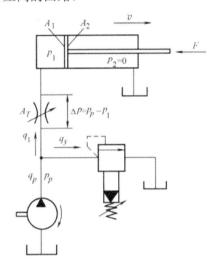

图 5-31 进油管道节流调速回路

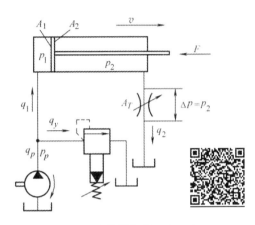

图 5-32 回油管道节流调速回路

3）旁油管道节流调速回路

如图 5-33 所示,将节流阀装在与液压缸并联的支路上,节流阀调节液压泵溢流回油箱的流量,进而控制进入液压缸的流量,调节节流阀,即可实现调速。这种回路中的溢流阀实际上是安全阀,常态时关闭。因此,液压泵工作过程中的压力完全取决于负载,故不恒定。旁油管道节流调速回路只有节流损失而无溢流损失,液压泵的压力随负载变化。因此,旁油管道节流调速回路效率较高,但速度负载特性很软,低速承载能力差,应用较少,一般只用于高速、重载和对速度平稳性要求很低的较大功率系统,如牛头刨床主运动系统、输送机械液压传动系统等。

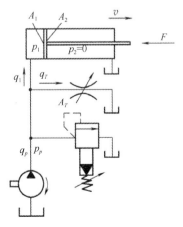

图 5-33 旁油管道节流调速回路

2. 容积调速回路

采用变量泵或变量马达的容积调速回路，无溢流损失和节流损失，故效率高，发热量小，适用于高速、高功率系统。

容积调速回路根据油路循环方式不同可分为开式回路和闭式回路。开式回路中液压泵从油箱吸油，执行元件中的油仍回油箱。闭式油路中液压泵的吸油口与执行元件回油口直接连接，液压油在系统内封闭循环。为了补偿泄漏，一般需要设补油泵，为与之配套，还需设溢流阀和小油箱。补油泵的流量一般为主泵流量的 10%～15%，压力通常为 0.3～1MPa。根据液压泵和液压马达（或液压缸）的不同组合，容积调速回路有下列三种形式。

1）由变量泵和定量液压缸（或液压马达）组成的容积调速回路

图 5-34（a）所示为由变量泵和液压缸组成的开式回路，图 5-34（b）为由变量泵和定量液压马达组成的闭式回路，它们都是通过改变变量泵的输出流量实现调速的。工作时，溢流阀关闭，作安全阀用。在图 5-34（b）所示的回路中，泵 10 是补油泵，补油泵供油压力由溢流阀 9 调定。

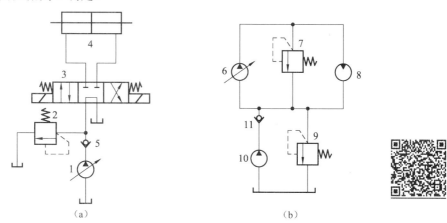

图 5-34　由变量泵和定量执行元件组成的容积调速回路

2）由定量泵和变量液压马达组成的容积调速回路

由定量泵和变量液压马达组成的容积调速回路如图 5-35 所示。定量泵 1 的输出流量不变，调节变量液压马达 3 的排量，便可改变液压马达的转速。

3）由变量泵和变量液压马达组成的容积调速回路

图 5-36 所示为由双向变量泵和双向变量液压马达组成的容积调速回路。变量泵 1 正向和反向供油控制液压马达 2 正向或反向旋转。单向阀 8 和 9 使安全阀 5 在两个方向都能起过载保护作用，单向阀 6 和 7 可使补油泵 4 双向补油。液压泵和液压马达的排量均可改变，故扩大了调速范围，使液压马达的转矩和功率输出更多样化。

3. 容积节流调速回路

如图 5-37 所示，容积节流调速回路由限压式变量泵与调速阀组成。调节调速阀可以调节输入液压缸的流量。当调速阀阀口由大变小时，变量泵输出的流量也随之由大变小。这是因为调速阀阀口变小，使液阻增大，泵的出口压力升高，泵的偏心距减小，直至泵的输出流量等于调速阀允许通过的流量为止。当泵的流量小于调速阀调定的流量时，泵的压力将降低，泵的偏心距增大，泵的输出流量增大到与调速阀调定的流量相适应。

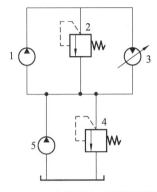
图 5-35　由定量泵和变量液压马达
　　　　组成的容积调速回路

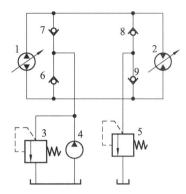
图 5-36　由双向变量泵和双向变量液压马达
　　　　组成的容积调速回路

这种调速回路的特点是其低速稳定性比容积调速回路高，有节流损失，无溢流损失；回路效率较高，比容积调速回路效率稍低；随着负载减小，其节流损失也增大，效率降低。因此这种调速回路不宜用于负载变化大且大部分时间在低负载下工作的场合。

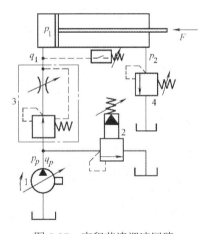
图 5-37　容积节流调速回路

（二）快速运动回路

快速运动回路的作用是实现工作装置空行程（或空载）时快速运动，这样可提高生产效率，要求系统流量大而压力低。快速运动回路主要有以下几种。

1. 液压缸差动连接的快速运动回路

图 5-38 所示为液压缸差动连接的快速运动回路，当 1YA 通电而 2YA、3YA 断电时，液压油同时进入液压缸两腔，液压缸差动连接做快速运动。当 1YA 和阀 3 通电时，差动

连接被切断，液压油经过调速阀流回油箱，实现工作进给。当 2YA、3YA 通电时，液压缸实现快退。液压缸差动连接的快速运动回路结构简单，应用较多。

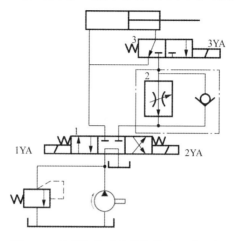

图 5-38 液压缸差动连接的快速运动回路

2. 双泵供油的快速运动回路

双泵供油的快速运动回路是利用低压大流量液压泵和高压小流量液压泵并联为系统供油的。在图 5-39 所示回路中，高压小流量液压泵 1 实现工作进给运动，低压大流量液压泵 2 实现快速运动。在快速动作时，系统由液压泵 2 和液压泵 1 共同供油。在工作进给时，系统压力升高，卸荷阀 3 打开，液压泵 2 卸荷，单向阀 4 关闭，系统由液压泵 1 单独供油。溢流阀 5 用来调定液压泵 1 的供油压力。而卸荷阀 3 使液压泵 2 在快速运动时供油，在工作进给时则卸荷，因此它的调定压力应比快速运动时系统所需的压力高，但低于溢流阀 5 的调定压力。

双泵供油的快速运动回路具有功率利用合理、效率高和速度换接平稳等优点，其缺点是油路复杂、成本高。这种回路在快、慢速度相差较大的机床和注射机中应用广泛。

3. 采用蓄能器的快速运动回路

图 5-40 所示为采用蓄能器的快速运动回路，系统采用流量较小的液压泵也可满足短时间需要大流量的液压传动系统的供油要求。当系统停止工作时，换向阀 5 处于中位，这时液压泵 1 输出的液压油经单向阀 3 给蓄能器 4 充油，当蓄能器的压力达到卸荷阀 2 的调定压力后，卸荷阀开启，液压泵卸荷；当换向阀 5 在左位或者右位工作时，卸荷阀关闭，蓄能器和液压泵一起给液压缸 6 供油，实现快速运动。

（三）速度换接回路

在液压传动系统中，液压执行元件在一个工作循环中往往需要从一种运动速度变换到另一种运动速度，如执行元件从快速到慢速的换接或两个慢速之间的换接，这时可采用速度换接回路,速度换接要平稳。

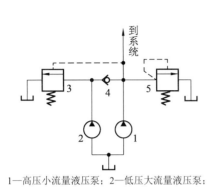

1—高压小流量液压泵;2—低压大流量液压泵;
3—卸荷阀;4—单向阀;5—溢流阀

图 5-39 双泵供油的快速运动回路

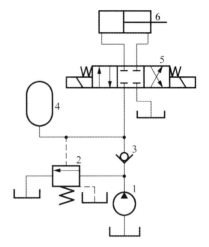

图 5-40 采用蓄能器的快速运动回路

1. 快速与慢速的换接回路

图 5-41 所示为常用的采用行程阀的快速与慢速的换接回路,在图示状态下,液压缸回油经过行程阀 6,液压缸快进,当活塞挡块压下行程阀时,行程阀关闭,液压缸 7 右腔的液压油通过节流阀 5 流回油箱,液压缸由快进转换为慢进。当换向阀 2 的左位接入回路时,压力油经单向阀 4 进入液压缸右腔,活塞快速返回。这种回路换接精度高、冲量小、速度变化较平稳,缺点是不能任意改变行程阀的位置,管道连接较为复杂。若将行程阀改换为电磁阀,则安装连接比较简单,但速度切换的平稳性和可靠性及切换精度都较差。

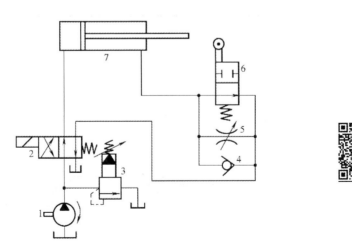

图 5-41 快速与慢速的换接回路

2. 两种慢速的换接回路

某些液压设备要求工作行程有两种进给速度,为实现两种工作进给速度,常用两个调速阀并联或串联在油路中，用换向阀进行切换。图 5-42（a）为用两个调速阀并联实现的两种进给速度换接回路，这里两种进给速度可以分别调整，互不影响。图 5-42（b）为用两个调速阀串联实现的两种进给速度换接回路，它只能用于第二进给速度小于第一进给速度的场合，故调速阀 4 的开口小于调速阀 3 的开口。这种回路速度换接平稳性较好。

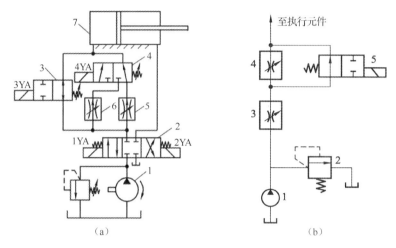

图 5-42　两种慢速的换接回路

工作任务五　多缸动作控制回路设计与仿真

学习情境描述

在液压传动系统中，由一个油源向多个液压缸供油时，可节省液压元件和电动机，合理利用功率。但各执行元件会因回路中的压力、流量的相互影响在动作上受到牵制。我们可通过压力、流量和行程控制来实现多个执行元件预定动作的要求。本任务要求设计出多缸动作控制回路。

专用铣床作为一种高效率的机床，在大批量机械加工生产中应用广泛，其液压传动系统中的夹紧缸和工作缸能实现夹紧缸夹紧→工作缸快进→工作缸工作进给→工作缸快退→夹紧缸松开的工作循环。

关键知识点：行程控制的顺序动作回路的工作原理；压力控制的顺序动作回路的工作原理；常见多缸同步回路的工作原理。

关键技能点：选用相应的液压元件，利用所学回路设计多缸动作控制回路并完成仿真和搭建。

学习目标

（1）能理解多缸动作控制回路的工作原理。
（2）能利用所学液压基本回路设计液压传动系统。
（3）培养学生的自主学习能力和团结协作能力。
（4）培养学生良好的职业素养和 6S 能力。

任务书

设计能实现夹紧缸夹紧→工作缸快进→工作缸工作进给→工作缸快退→夹紧缸松开的工作循环的专用铣床液压传动系统。系统中的夹紧缸和工作缸都是由单杆液压缸控制的，其中夹紧缸利用双缸并联的方式控制。为了保护工件，要求夹紧缸的工作压力低于工作缸的工作压力。当夹紧缸工作到位时，工作缸才开始运动。

任务分组

根据班级人数和具体的实训要求对班级进行分组，填写小组信息表（见表 5-18）。分组过程中注重人员的均衡分配，积极倡导学生实现自我管理，促使学生养成良好的学习习惯，提高学生的团队协作能力。

表 5-18　小组信息表

小　组　信　息					
班级名称		日期		指导教师	
小组名称		组长姓名		联系方式	
岗位分工	技术员	记录员	汇报员	观察员	资料员
组员姓名					

说明：组长负责统筹组织整个任务实施过程，技术员负责任务实施过程的操作，记录员负责过程记录工作，汇报员负责在分享信息时进行讲解汇报，观察员负责观察、总结过程中忽略的问题、组员的工作效率问题及记录任务完成度等，资料员负责收集各类信息。任务实施过程中可根据具体情况由多人分担同一岗位的工作或一人身兼多职，可在不同任务中进行轮岗。小组成员要团结协作、积极参与。

信息获取

引导问题 1：工作缸中快进可以利用哪种速度控制回路实现？

引导问题 2：工作缸中快进到工作进给速度切换可以利用哪种速度控制回路实现？

引导问题 3：顺序控制回路有哪几种形式？

引导问题 4：如何实现夹紧缸中夹紧到工作缸快进的回路切换？

工作计划

工作任务分为两部分：一是利用软件设计液压控制系统并进行仿真；二是利用液压试验台搭建回路，观察其动作过程。小组成员共同讨论工作计划，制订工作计划时要遵循分工清晰、全员参与和以完成任务为目的的原则。同时，要兼顾操作过程中可能出现的安全问题，并进行 6S 管理。

提示

（1）列出本次工作任务中所用到的器材的名称、符号和数量。

（2）分析任务，制定工作流程，完成工作计划流程表（见表 5-19），发送给指导教师审阅。

表 5-19 工作计划流程表

工作计划流程表					
实训所需器材、元件	序 号	名 称	符 号	数 量	备 注
	1				
	2				
	3				
	4				
	5				
	6				
	7				
	8				
工作计划	序 号	工作步骤	预计达成目标	责任人	备 注
	1				
	2				
	3				
	4				
	5				
	6				
	7				
	8				

引导问题 5：回路中会用到几个换向阀，其中本小组选用哪种换向阀来实现顺序动作回路控制？

优化决策

（1）各小组汇报各自的工作方案，教师根据各小组完成情况进行点评。
（2）各小组根据教师反馈进行讨论，完善工作方案。

具体实施

小组分工明确，全员参与，确保操作规范、安全。

1. 设计多缸动作控制回路并进行回路仿真

各小组根据工作计划进行工作，利用软件设计多缸动作控制回路，并在软件上模拟仿真。根据模拟仿真的结果进一步细化方案，确定最终方案。

提示

（1）考虑工作缸与夹紧缸的回路是否需要利用元件分隔。
（2）注意回路中换向阀的选用。
（3）注意双泵供油的快速运动回路中溢流阀的连接。

2. 搭建多缸动作控制回路

根据设计方案，查找相应的元件，对多缸动作控制回路进行实物搭建并演示。

提示

（1）实训前，应了解本小组的实训内容和主要实训步骤。
（2）必须熟悉所用液压元件的安装方法和使用场合。应先在试验台上确定安装位置，布局应合理规范。
（3）选择好相关液压元件后，用带快换接头的油管连接各液压元件。连接完成后，须经指导教师审核通过，方可进行操作（注意用电安全）。
（4）在操作过程中应仔细观察，如实记录，不放过任何异常情况，操作应规范细致。
（5）实训结束后，所用的液压元件需放回原处，经检查合格后，方可离开试验台。

3. 成果分享

随机抽取 2~3 个小组分别展示和讲解各自任务完成情况，讨论工作过程中出现的问题。针对问题，指导教师及时进行现场指导和分析。

4. 问题反思

引导问题 6：所模拟仿真的回路能否正常实现任务要求的功能？

项目五 液压基本控制回路设计

引导问题 7：回路中用到了哪几种速度控制回路？

质量控制

引导问题 8：回路中使用了哪些压力控制阀？各起到什么作用？

引导问题 9：试利用其他方式实现回路中的顺序控制。

评价反馈

综合整个实训过程，结合任务实施过程中各组员的表现，落实 6S 管理工作。小组成员各自完成"自我评价"，组长和观察员完成"小组评价"，教师完成"教师评价"（见表 5-20），最终根据学生在任务实施过程中的表现，教师给予评价。

表 5-20 评价表

班级		姓名		学号		日期	
序号	考核项目	自我评价（15%）		小组评价（45%）		教师评价（40%）	汇总
职业素养考核项目（40%）	遵守安全操作规范						
	遵守纪律，团结协作						
	态度端正，工作认真						
	做好 6S 管理						

续表

班级			姓名		学号		日期	
序号	考核项目	自我评价（15%）		小组评价（45%）		教师评价（40%）		汇总
专业能力考核项目（60%）	能按要求设计回路并仿真							
	能根据要求正确选择实训元件							
	能按照操作规范正确连接回路							
	搭建的回路能实现相应的功能							
	能正确拆装元件							
	能正确分析问题和得出结论							
合计								
总分及评价								

课后拓展

结合任务要求，结合小组回路，设计出电气控制原理图。

学习情境相关知识点

在液压传动系统中,由一个液压源向多个液压缸供油时,可节省液压元件和电动机,合理利用功率。需要注意的是,各执行元件间会因回路中的压力、流量的相互影响而在动作上受到限制。我们可通过压力、流量和行程控制来实现多个执行元件的预定动作。

一、顺序动作回路

顺序动作回路的作用是使多个执行元件严格按照预定顺序依次动作。它按控制方式不同可分为压力控制和行程控制两种类型。

1. 压力控制的顺序动作回路

压力控制是指利用液压传动系统工作过程中的压力变化使执行元件按顺序先后动作。图 5-43 所示为用压力继电器控制的顺序动作回路。两液压缸的顺序动作是通过压力继电器对两个电磁换向阀的操纵来实现的。压力继电器的动作压力应高于前一动作最高工作压力,以免产生误动作。其动作原理如下:当电磁铁 1YA 通电后,压力油进入液压缸 A 左腔,其活塞右移,实现动作①;当液压缸 A 到达终点后,系统压力升高使压力继电器 1(1KP)动作,并使电磁铁 3YA 通电,此时压力油进入液压缸 B 左腔,液压缸 B 活塞右移,实现动作②。同理,当电磁铁 3YA 断电、4YA 通电时,压力油开始进入液压缸 B 右腔,使其活塞先向左退回,实现动作③;而当液压缸 B 退回原位后,压力继电器 2(2KP)开始动作,并使电磁铁 1YA 断电,2YA 通电,此时压力油进入液压缸 A 右腔,使其活塞最后向左退回,实现动作④。

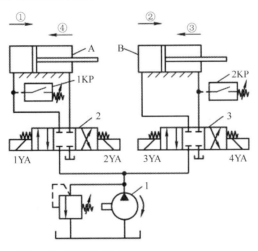

图 5-43 用压力继电器控制的顺序动作回路

图 5-44 所示为用顺序阀控制的顺序动作回路,顺序阀 4 的调定压力比液压缸 A 最大前进工作压力高,顺序阀 3 的调定压力比液压缸 B 最大返回工作压力高。该回路的优点是结构简单,动作可靠,便于调整。当换向阀 2 通电时,顺序阀 4 关闭,压力油进入

液压缸 A，实现动作①；当液压缸 A 的活塞行至终点时，压力上升，打开顺序阀 4，压力油进入液压缸 B，实现动作②；反之亦然。这种回路适用于液压缸数目不多、负载变化不大的场合。

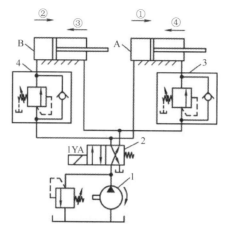

图 5-44 用顺序阀控制的顺序动作回路

2. 行程控制的顺序动作回路

行程控制是指利用执行元件到达一定位置时发出控制信号，控制执行元件的先后动作顺序。

图 5-45（a）所示为采用行程开关控制的顺序动作回路。在回路中，1YA 得电，液压缸 A 活塞先向右运动，直到活塞杆上的挡块压下行程开关 SQ1 使 3YA 得电，液压缸 B 活塞向右运动，直到压下行程开关 SQ2 使 1YA 失电，2YA 得电，液压缸 A 活塞向左退回，直到压下行程开关 SQ3 使 3YA 失电，4YA 得电，液压缸 B 活塞再退回。在这种回路中，调整挡块的位置可调整液压缸的行程，改变动作顺序较方便，故应用广泛。图 5-45（b）所示为采用行程阀控制的顺序动作回路。

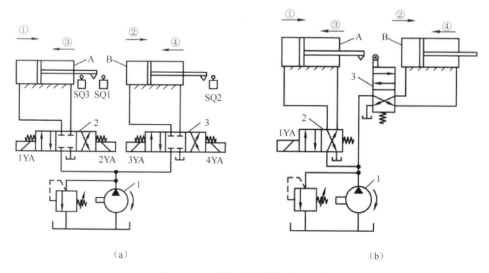

图 5-45 行程控制的顺序动作回路

二、多缸运动回路

1. 串联液压缸的同步回路

将两个有效面积相等的液压缸串联起来，就能得到串联液压缸同步回路。这种回路结构简单，回路允许有较大偏载，且回路的效率较高。但是两个液压缸的制造误差会影响同步精度。多次行程后，位置误差还会累积起来，在使用中常设有位置补偿装置，以消除累积误差，如图 5-46 所示。

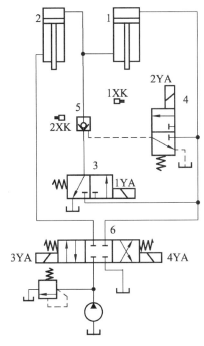

图 5-46　串联液压缸的同步回路

2. 采用调速阀的同步回路

图 5-47（a）所示为两个并联液压缸的同步回路，两个调速阀分别调节两个液压缸活塞的运动速度。只要仔细调整两个调速阀开口的大小，就能使两个液压缸保持同步，但调整起来比较麻烦，同步精度不高，故这种回路不宜用于偏载或负载变化频繁的场合。

图 5-47（b）所示为用电液比例调速阀实现同步的回路，回路中使用了一个普通调速阀 1 和一个电液比例调速阀 2，它们分别装在由 4 个单向阀组成的桥式回路中。当两活塞出现位置误差时，检测装置就会发出电信号，调节电液比例调速阀的开度，使两个液压缸继续保持同步。这种回路的位置精度可达 0.5mm。

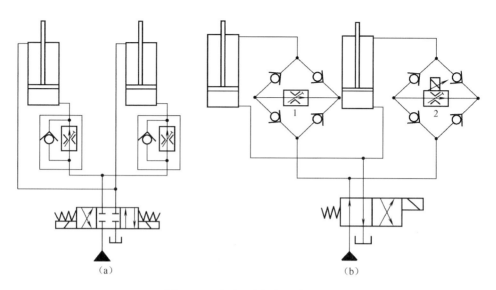

图 5-47 采用调速阀的同步回路

项目六 典型液压设备的回路分析及故障排除

工作任务 组合机床液压传动系统的故障分析与排除

> **学习情境描述**

　　液压设备是由机械装置、液压装置、电气装置等装置组合而成的，其出现的故障也是多种多样的。一种故障现象可能由多种因素引起，分析液压传动系统故障必须能看懂液压传动系统原理图，对原理图中各个元件和支路的作用都能充分理解，并能结合故障现象进行分析、判断，抓住关键问题，才能较好地解决问题和排除故障。

　　多功能组合机床是一种高效率的机械加工专用工具，图 6-1 所示为多功能组合机床 YT4543 液压传动系统工作原理图。该系统用限压式变量泵供油，用电液换向阀换向，用液压缸差动连接来实现快进，用行程阀实现快进与工作进给的转换，用二位二通电磁换向阀实现两种工作进给速度的转换，为了保证进给的尺寸精度，用止挡铁来限位。

　　通常实现的工作循环：快进→第一次工作进给→第二次工作进给→止挡铁停留→快退→原位停止。

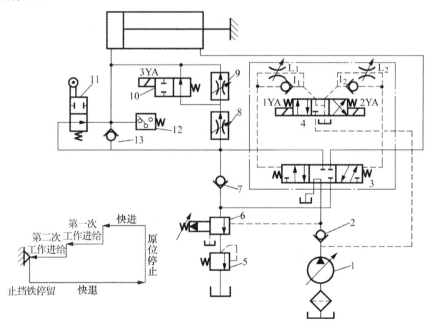

1—变量泵；2、7、13—单向阀；3—三位五通液控换向阀；4—三位四通电磁换向阀；5—背压阀；
6—顺序阀；8、9—节流阀；10—电磁换向阀；11—行程阀；12—压力继电器

图 6-1 多功能组合机床 YT4543 液压传动系统工作原理图

　　关键知识点：复杂液压传动系统工作原理图的识读方法；液压传动系统常见的故障

现象的原因分析及排除方法。

关键技能点：能分析复杂液压传动系统的工作原理图。

学习目标

（1）掌握复杂液压传动系统工作原理图的识读方法。

（2）掌握液压传动系统常见故障现象的原因及排除方法。

（3）能分析复杂液压传动系统的工作原理图。

（4）培养学生的自主学习能力和团结协作能力。

（5）培养学生良好的职业素养和 6S 能力。

任务书

通过学习、分析多功能组合机床 YT4543 液压传动系统原理图，掌握分析、识读复杂液压传动系统工作原理图的方法。

任务分组

根据班级人数和具体的实训要求对班级进行分组，填写小组信息表（见表 6-1）。分组过程中注重人员的均衡分配，积极倡导学生实现自我管理，促使学生养成良好的学习习惯，提高学生的团队协作能力。

表 6-1　小组信息表

小　组　信　息					
班级名称		日期		指导教师	
小组名称		组长姓名		联系方式	
岗位分工	技术员	记录员	汇报员	观察员	资料员
组员姓名					

说明：组长负责统筹组织整个任务实施过程，技术员负责任务实施过程的操作，记录员负责过程记录工作，汇报员负责在分享信息时进行讲解汇报，观察员负责观察、总结过程中忽略的问题、组员的工作效率问题及记录任务完成度等，资料员负责收集各类信息。任务实施过程中可根据具体情况由多人分担同一岗位的工作或一人身兼多职，可在不同任务中进行轮岗。小组成员要团结协作、积极参与。

获取信息

引导问题 1：该组合机床的动作回路包括哪些基本回路？

项目六 典型液压设备的回路分析及故障排除

引导问题 2：顺序阀 6 在系统中起到什么作用？

引导问题 3：电磁换向阀 10 和行程阀 11 在系统中起到什么作用？

工作计划

本任务通过学习多功能组合机床的工作原理，使学生掌握液压传动系统故障分析的方法。制订工作计划时要遵循分工清晰、全员参与和以完成任务为目的的原则。同时，要兼顾操作过程中可能出现的安全问题，并进行 6S 管理。

提示

结合复杂液压传动系统工作原理图的识读步骤进行设计。工作计划流程表如表 6-2 所示。

表 6-2 工作计划流程表

	序 号	名 称	符 号	数 量	备 注
实训所需器材、元件	1				
	2				
	3				
	4				
	5				
	6				
	7				
	8				
	序 号	工 作 步 骤	预计达成目标	责 任 人	备 注
工作计划	1				
	2				
	3				
	4				
	5				
	6				
	7				
	8				

优化决策

(1) 各小组汇报各自的工作方案,教师根据各小组完成情况进行点评。

(2) 各小组根据教师反馈进行讨论,完善工作方案。

提示

可以根据需要利用软件建模来辅助理解。

具体实施

小组分工明确,全员参与,确保操作规范、安全。

1. 分析多功能组合机床的基本回路组成

各小组根据多功能组合机床液压回路图,分析它由哪些基本回路组成,以及各基本回路的作用。

2. 分析各元件在系统中的作用

各小组对各元件在系统中的作用进行分析。

3. 全面理解液压传动系统的工作原理

对多功能组合机床液压传动系统进行综合分析,全面理解液压传动系统的工作原理。

4. 成果分享

随机抽取 2～3 个小组分别对回路进行讲解与分享。针对问题,教师及时进行现场指导与分析。

5. 问题反思

引导问题 4:该组合机床液压传动系统快进的工作流程是什么?

引导问题 5:该组合机床液压传动系统第一次工作进给的工作流程是什么?

引导问题 6：该组合机床液压传动系统第二次工作进给的工作流程是什么？

引导问题 7：该组合机床液压传动系统止挡铁停留及动力滑台快退的工作流程是什么？

引导问题 8：该组合机床液压传动系统原位停止的工作流程是什么？

质量控制

引导问题 9：该组合机床的节流调速回路属于哪种形式的节流调速回路？

引导问题 10：该组合机床的快速运动回路采用了哪种连接方式？

引导问题 11：多功能组合机床由于长时间的运行，其液压传动系统内积聚了一定量的气体。进行排气处理的具体方法是什么？

评价反馈

综合整个实训过程，结合任务实施过程中各组员的表现，落实6S管理工作。小组成员各自完成"自我评价",组长和观察员完成"小组评价",教师完成"教师评价"(见表 6-3),最终根据学生在任务实施过程中的表现,教师给予评价。

表 6-3 评价表

班级		姓名		学号		日期		
序号	考核项目	自我评价(15%)		小组评价(45%)		教师评价(40%)		汇总
职业素养考核项目(40%)	遵守安全操作规范							
	遵守纪律,团结协作							
	态度端正,工作认真							
	做好 6S 管理							
专业能力考核项目(60%)	能正确说出控制元件的名称、作用							
	能正确分析系统基本回路							
	能分析系统各动作回路的关系							
	能全面理解液压传动系统的工作原理							
	能总结识读液压传动系统工作原理图的步骤							
	能正确分析问题和得出结论							
	合计							
	总分及评价							

课后拓展

若第二次工作进给功能无法实现,试分析原因?

项目六 典型液压设备的回路分析及故障排除

◆ 学习情境相关知识点 ◆

液压传动系统故障综合性比较强，往往不容易从外部表面现象和声响特征中准确地判断出故障发生的部位和原因。我们要先从诊断故障现象入手，然后分析故障发生的原因。诊断原则是先"断"后"诊"，进而予以排除。因此，分析故障必须能看懂液压传动系统原理图，对原理图中各个元件的作用有一个大体的了解，然后根据故障现象进行分析、判断，抓住主要问题，才能较好地解决问题和排除故障。

一、识读复杂液压传动系统原理图的步骤

液压传动系统原理图表示了系统内各类液压元件的连接和控制关系，以及执行元件实现各种动作的工作原理，所以正确理解和识读设备的液压传动系统原理图对于排除液压传动系统故障非常关键。

（1）了解设备的功能和工况对液压传动系统的要求及液压设备的工作循环。

（2）初步阅读液压传动系统原理图，以执行元件为中心，将系统分解成若干个子系统并逐步分析，了解系统由哪些基本回路组成，系统中各元件的功能和相互关系，结合其工作循环和动作顺序表，弄清楚液压油的流动路线。

（3）根据系统对各执行元件间互锁、同步、防干扰等要求，分析各子系统之间的联系。

（4）根据系统所使用的基本回路的性能，对系统做出综合分析，全面理解液压传动系统的工作原理。

二、液压传动系统常见故障分析及排除方法

故障现象一：液压传动系统压力、执行元件工作速度不正常

（1）检查液压泵输油状况。若液压泵无液压油输出，则可能是转向错误、零件磨损或损坏、油箱油量不足、吸油阻力大或漏气致使液压泵无液压油输出。如果液压泵输出液压油流量随压力升高而显著减小，同时压力无法满足系统工作需求，则可能是由于液压泵磨损使间隙增大所致。排除故障的方法是测定液压泵的容积效率，确定液压泵是否能正常工作，对磨损严重的零部件进行修配或更换。如果是新泵无液压油输出，则可能是泵在生产时有铸造缩孔或砂眼，使吸油腔、压油腔互通，或输入功率不足，使液压泵的输油压力达不到工作压力。

（2）若液压泵输油正常，则应检查各回油管道，观察溢流情况。首先检查溢流阀回油管道是否存在溢流，如有，则可能是调定压力低导致的。这时应按照系统压力要求来试调压力，若压力毫无变化，则可能是溢流阀主阀芯或者先导阀主阀芯卡死在开口位置，或阻尼孔堵塞，或弹簧折断失效等原因，使液压泵输出的液压油在低压情况下经溢流阀流回油箱。排除故障的方法是拆开溢流阀并进行清洗，同时检查或更换弹簧，恢复其工作性能。如果溢流阀工作正常，则重点检查压力油道中液压阀是否由于污染物或其他原

因卡死而处于回油位置，致使压力油道与回油管道接通，系统无法建立压力。

（3）如果上述检查均无问题，则可能是严重泄漏使系统压力无法建立，应主要检查管道接头是否松脱、各执行元件的密封是否老化或损坏、压力油道中的阀是否存在内泄漏而致使系统泄漏严重。排除故障的方法是按标准力矩紧固管接头，更换老化或损坏的密封装置，清洗、检查各阀。如果整个液压系统能建立正常的压力，但某些管道没有压力，应根据具体压力情况进行局部检查。

故障现象二：振动和噪声

液压传动系统的振动和噪声主要来源于气穴现象、困油现象、各类调节阀及机械噪声。主要原因是液压油中混入较多的空气，液压泵工作时脉动较强，液压元件的参数选择不当而发生共振及液压元件磨损，工作不良引起振动噪声，管道细长、固定不牢及机械振动等引起系统振动和噪声。具体原因及排除方法如下：

（1）吸油管道中有空气存在。液压传动系统混入空气可能是吸油管道过细，阻力大；液面过低，滤网部分外露；液压泵转速太高；油箱透气不好（液压油黏度过大或滤网堵塞等原因），也可能是吸油管道密封不好，液压油乳化产生大量气泡。上述原因使得液压泵在吸油的同时吸入大量的空气，应针对不同的具体原因采取相应的措施予以消除。

（2）经过检查，若上述各项均无问题，则振动和噪声可能是液压泵或液压马达的质量问题所致。液压传动系统中主要的噪声源是液压泵。液压泵的流量脉动、困油现象未能完全消除、叶片或柱塞移动不良及卡死或间隙过大都可以引起振动和噪声。排除方法是拆开液压泵、液压马达进行清洗、检查，对不符合要求的零件或总成进行修配或更换。

（3）以下原因也可引起振动和噪声：液压泵与原动机的传动中心线同心度不符合安装标准，联轴器松动引起泵振动。将液压泵和电动机安装在油箱上面，也会引起振动和噪声，若结构上无法避免，必须在液压泵、电动机的安装板和油箱之间安装橡胶弹性衬垫，以降低振动和噪声；管道细长、弯头多又未能完全固定，液压油流速过高也可能引起管道振动（管道选择和安装不当也会引起显著振动）；溢流阀阀座磨损、阀芯与阀孔配合间隙不当、弹簧疲劳损坏、阀芯移动不顺畅等也可能引起振动和噪声；系统中各阀的固有频率与泵的流量脉动频率相近可引发共振；换向阀动作太快，换向时会产生冲击和振动。

故障现象三：执行元件"爬行"

爬行是液压传动系统中经常出现的故障现象，轻微时产生微小振动，严重时将出现大幅度的跳动。爬行现象一般发生在执行元件低速运动状态下，主要原因有液压缸混入空气、阻力过大、液压泵和各阀磨损、工作不良及液压油污染等。故障分析及排除方法如下：

（1）液压缸混入空气使驱动刚性变差而产生爬行，是空气本身的可压缩性对系统阻力变化的必然反应。液压缸内混入空气的原因主要是液压缸锁止或换向时因惯性作用形成负压，促使系统中的空气进入液压缸，并且工作之前，缸内空气尚未排尽。解决措施是检查并消除空气进入系统的可能路径，减少空气侵入量，同时在工作前对液压缸进行排气处理；在液压传动系统易产生负压的油道上设置补油单向阀，防止空气混入系统。

（2）液压缸阻力过大的原因是液压缸装配质量不合格、运动密封件装配过紧、活塞杆局部或整体变形、缸筒锈蚀拉毛、液压油黏度过大等。解决措施是逐项检查液压缸的精度及损伤情况并修配，确保液压缸安装精度符合技术要求；选择黏度合适的液压油。

（3）液压元件磨损、间隙过大，引起流量脉动和压力脉动强烈，致使执行元件爬行；溢流阀调定压力不稳定、工作失灵也会引起执行元件爬行。这种情况下要检查、修配液压泵和溢流阀，保证配合间隙，严重时更换液压元件。

故障现象四：液压油温度过高

此类故障往往由液压传动系统设计不当、使用时调整不当或周围环境温度较高引起的。另外，系统压力、液压泵与液压马达的效率、调速方法、管道的粗细、油箱的容量及卸荷方式等都直接影响液压油的温度变化。这些问题在设计液压传动系统时就应充分考虑。除了设计不当，液压传动系统出现油温过高的常见原因有以下几点：

误用黏度过大的液压油，液压油流动时内摩擦力增大引起油温升高。

（2）泄漏严重。系统各元件和管道连接处泄漏、密封装置损坏泄漏、运动零件磨损后泄漏，造成容积损失而发热。对此应采取相应的措施防止内、外泄漏。

（3）系统卸荷回路动作不良，当系统不需要压力油时其仍在溢流阀所调定的压力下溢回油箱，或在卸荷压力较高的情况下流回油箱。如果发生这种情况，要检查卸荷回路的工作是否正常（如卸荷油道是否被污染物堵塞，电气系统能否使起卸荷作用的电磁阀动作等），并采取相应措施消除故障。

（4）散热不良。设计时选用油箱太小、油量太少致使液压油循环太快或冷却器作用差（如冷却水系统失灵或风扇失灵）、换向及速度换接时的冲击、周围环境温度较高等都是导致散热不良的原因。解决措施是采取措施改善散热条件，必要时可加装强制冷却措施。

项目七　气压传动基础知识及执行元件

工作任务　气动剪刀机的控制回路设计与仿真

学习情境描述

气压传动和液压传动一样，都是利用流体作为工作介质实现传动的。两者在工作原理、系统组成、元件结构及图形符号等方面，存在着不少相似之处。所以学习本章内容时，液压传动的相关知识，有很大的参考和借鉴作用。

气动剪刀机是一种常见的剪切设备，通过气压传动系统来控制，利用气缸驱动活动剪刀剪切物件，通过调整气缸压力调整剪切力。气缸只是气压传动系统中的一个组成部分，就像液压传动系统中的液压缸一样。

关键知识点：气压传动系统的工作原理和组成；气源装置、气源处理装置的工作原理和图形符号。

关键技能点：气动试验台的规范使用。

学习目标

（1）掌握气压传动系统的工作原理和组成。
（2）掌握气源装置、气源处理装置的工作原理和图形符号。
（3）熟悉气动试验台中的元件和操作规范，能在教师引导下顺利搭建回路。
（4）熟悉软件中气压传动元件的调用。
（5）培养学生的自主学习能力和团结协作能力。
（6）培养学生良好的职业素养和 6S 能力。

任务书

气动剪刀机是一种典型的气压传动设备，通过建模分析和搭建回路，掌握气压传动系统的工作原理、组成和图形符号。

任务分组

根据班级人数和具体的实训要求对班级进行分组，填写小组信息表（见表 7-1）。分组过程中注重人员的均衡分配，积极倡导学生实现自我管理，促使学生养成良好的学习习惯，提高学生的团队协作能力。

表 7-1　小组信息表

小　组　信　息					
班级名称		日期		指导教师	
小组名称		组长姓名		联系方式	
岗位分工	技术员	记录员	汇报员	观察员	资料员
组员姓名					

说明：组长负责统筹组织整个任务实施过程，技术员负责任务实施过程的操作，记录员负责过程记录工作，汇报员负责在分享信息时进行讲解汇报，观察员负责观察、总结过程中忽略的问题、组员的工作效率问题及记录任务完成度等，资料员负责收集各类信息。任务实施过程中可根据具体情况由多人分担同一岗位的工作或一人身兼多职，可在不同任务中进行轮岗。小组成员要团结协作、积极参与。

获取信息

引导问题 1：完成下列填空题。

（1）气压传动系统由_____、_____、_____和_____组成。

（2）后冷却器一般安装在空气压缩机的_____。

（3）气动三联件是气动元件及气压传动系统使用压缩空气的最后保证，它包括_____、_____、_____。

（4）气缸用于实现_____。气动马达用于实现连续的_____。

（5）气液阻尼缸是由_____和_____组合而成的，以_____为能源，以_____作为调节气缸运行速度的介质。

引导问题 2：完成下列判断题。

（1）气压传动能使气缸实现准确的速度控制和很高的定位精度。（　　）

（2）由空气压缩机产生的压缩空气，一般不能直接用于气压传动系统。（　　）

（3）压缩空气具有润滑性能。（　　）

（4）一般在换向阀的排气口处应安装消声器。（　　）

（5）气压传动回路一般不设排气管道。（　　）

引导问题 3：气动剪刀机中的减压阀在回路中起什么作用？与液压回路中的使用有什么区别？

引导问题 4：气动三联件在气压传动系统中起什么作用？

工作计划

工作任务分为两部分，分别是利用软件对气动剪刀机回路进行建模和利用试验台搭建回路。小组成员共同讨论工作计划,列出本次工作任务中所用到的器材的名称、符号和数量。根据任务分析的情况,制定工作流程,完成工作计划流程表(见表7-2),发送给指导教师审阅。

表 7-2 工作计划流程表

	工作计划流程表				
实训所需器材、元件	序号	名　称	符　号	数　量	备　注
	1				
	2				
	3				
	4				
	5				
	6				
	7				
	8				
工作计划	序号	工作步骤	预计达成目标	责任人	备　注
	1				
	2				
	3				
	4				
	5				
	6				
	7				
	8				

优化决策

(1) 各小组汇报各自的工作方案,教师根据各小组完成情况进行点评。

(2) 各小组根据教师反馈进行讨论,完善工作方案。

引导问题 5:气动剪刀机气压传动系统中运用了哪些换向阀(利用液压换向阀的知识),各起到什么作用?

引导问题 6:该气动剪刀机气压传动系统采用的是直接控制回路还是间接控制回路?

具体实施

小组分工明确，全员参与，确保操作规范、安全。

1. 气动剪刀机控制回路的模拟仿真

各小组根据工作计划进行工作，利用软件设计气动剪刀机控制回路，并在软件上模拟仿真。根据模拟仿真的结果进一步细化方案，确定最终方案。

提示

注意阀的控制方式和初始状态。

2. 搭建气动剪刀机控制回路

根据模拟仿真的结果，找到相应的元件，进行气动剪刀机控制回路的实物搭建。

提示

（1）找到回路中所需元件，注意各阀的初始状态和连接方向。
（2）根据回路图，用塑料软管将各元件连接起来，插拔时要注意方法，操作应规范，不能损坏元件。
（3）接通气源前，再次检查元件安装是否牢固，包括气源的输出管道。
（4）接通压缩空气，按下阀操作按钮，检查气缸的动作顺序是否正确。观察、记录其运动情况，及时分析和解决过程中出现的问题。
（5）熟悉实训设备的使用方法，如气源的开关、气压的调整、元件的拆装、元件的摆放、管线的插接等。
（6）实训结束后，关闭气源，拆下管线和元件并放回原位。对破损、老化的管线和问题元件进行及时处理。

3. 成果分享

随机抽取2~3个小组分别展示和讲解各自完成情况，讨论工作过程中出现的问题。针对问题，指导教师及时进行现场指导和分析。

4. 问题反思

引导问题7：在本任务实施过程中，是否做到了6S管理？还有哪些不足？各小组成员是否做到了各尽其职？

引导问题 8：气压试验台操作是否规范？气源装置在使用时有哪些注意事项？

引导问题 9：指出图 7-1 中的错误并改正。

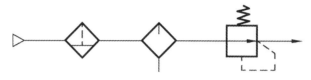

图 7-1　引导问题 9 图

引导问题 10：气动三联件的连接是否有方向性？

质量控制

引导问题 11：液压传动与气压传动有什么不同？

引导问题 12：请简要列出回路搭建过程中的注意事项。

引导问题 13：该气动剪刀机控制回路的换向阀采用了二位四通单气控换向阀，若改为二位四通双气控换向阀，是否可行？为什么？

评价反馈

综合整个实训过程，结合任务实施过程中各组员的表现，落实 6S 管理工作。小组成员各自完成"自我评价"，组长和观察员完成"小组评价"，教师完成"教师评价"（见表 7-3），最终根据学生在任务实施过程中的表现，教师给予评价。

表 7-3 评价表

班级		姓名		学号		日期		
序号	考 核 项 目	自我评价（15%）		小组评价（45%）		教师评价（40%）		汇　　总
职业素养考核项目（40%）	遵守安全操作规范							
	遵守纪律，团结协作							
	态度端正，工作认真							
	做好 6S 管理							
专业能力考核项目（60%）	能按要求设计回路并仿真							
	能根据要求正确选择实训元件							
	能按照操作规范正确连接回路							
	搭建的回路能实现要求的功能							
	能正确拆装元件							
	能正确分析问题和得出结论							
合计								
总分及评价								

课后拓展

空气压缩机的日常维护包括哪些项目？注意事项有哪些？

学习情境相关知识点

一、气压传动系统

（一）气压传动工作原理

图 7-2 为气动剪刀机的工作原理图，图示位置为剪切前的情况。空气压缩机 11 产生的压缩空气经后冷却器 10、油水分离器 9、储气罐 8、分水滤气器 7、减压阀 6、油雾器 5 到达气动换向阀 3，部分气体进入换向阀的下腔后使其上腔弹簧压缩，换向阀阀芯位于上端，气缸上腔充压，活塞处于下位，剪刀机剪口张开，处于预备工作状态。当上料装置把工料 1 送入气动剪刀机并到达规定位置时，工料压下行程阀 4，换向阀 A 腔与大气相通，换向阀下腔压缩空气经行程阀排入大气，弹簧推动换向阀阀芯向下运动。压缩空气经换向阀后进入气缸的下腔，气缸上腔与大气相通，气缸活塞向上运动，剪刀随之上行剪断工料。工料被剪断后，行程阀阀芯在弹簧作用下复位，A 腔压力升高，换向阀阀芯上移，气缸活塞向下运动，又恢复到剪切前的状态。

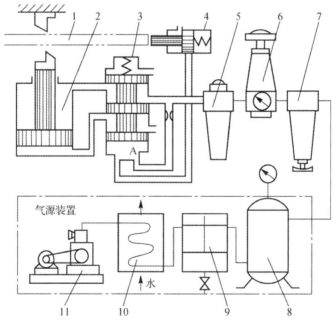

1—工料；2—气缸；3—气动换向阀；4—行程阀；5—油雾器；6—减压阀；
7—分水滤气器；8—储气罐；9—油水分离器；10—后冷却器；11—空气压缩机

图 7-2 气动剪刀机的工作原理图

由以上分析可知，剪刀克服阻力剪断工料的机械能来自压缩空气的压力能，负责提供压缩空气的是空气压缩机；回路中的换向阀、行程阀起改变气体流动方向，控制气缸活塞运动方向的作用。

（二）气压传动系统的组成

气压传动系统的组成如表 7-4 所示。

表 7-4　气压传动系统的组成

序号	组成		作用
1	气源装置	空气压缩机、储气罐等辅助设备	它将原动机供给的机械能转变为气体的压力能，是获得压缩空气的装置和设备，还包括储气罐等辅助设备
2	气动执行元件	气缸、气动马达	将压缩空气的压力能转变为机械能的装置，如做直线运动和做回转运动的气动马达等
3	气动控制元件	各种压力控制阀、流量控制阀、方向控制阀、逻辑元件等	控制压缩空气的流量、压力、方向以及执行元件工作程序的元件
4	辅助元件	各种过滤器、油雾器、消声器、管件等	对压缩空气进行净化、润滑、消声以及用于元件间连接等所需的装置

（三）气压传动的优缺点

气压传动能够得到迅速发展和广泛应用的原因是它具有如下优点：

（1）用空气作为介质，取之不尽，来源方便，不污染环境，用后直接排放，不需要回气管道，介质不存在变质等问题。

（2）空气黏度小，管道流动能量损耗小，适合集中供气和远距离输送。

（3）气压元件结构简单，易加工，使用寿命长，维护方便，管道不容易堵塞。

（4）气压传动动作迅速、反应快、调节方便，便于利用气压信号实现自动控制。

（5）工作环境适应性好。特别是在易燃、易爆、多尘埃、强磁、辐射、振动等恶劣环境下工作时，气压传动系统的安全可靠性优于液压传动系统、电子和电气系统。

（6）气动元件结构简单、成本低且寿命长，过载能自动保护；易于标准化、系列化和通用化。

气压传动与其他传动相比，具有以下缺点：

（1）因空气可压缩性较大，运动平稳性较差，其工作速度受外负载变化影响较大。

（2）工作压力较低，输出力或转矩较小，只适用于压力较小的场合。

（3）空气净化处理较复杂。气源中的杂质及水蒸气必须净化处理。

（4）因空气黏度小、润滑性差，需设置单独的润滑装置。

（5）有较大的排气噪声，高速排气时应加消声器。

二、气源装置及辅助元件

气源装置向气压传动系统提供具有一定压力和质量的压缩空气，是气压传动系统的重要组成部分，其主体是空气压缩机。由空气压缩机产生的压缩空气，不能直接使用，必须经过降温、净化、稳压等一系列处理后才能用于气压传动系统。而当气压传动系统向大气中排放气体时，会产生噪声，应采取降噪措施，以改善工作环境和质量。图 7-3 为压缩空气净化流程图。

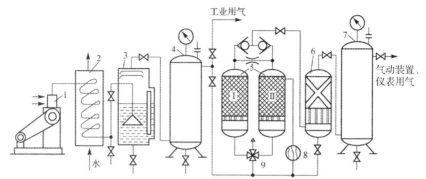

1—空气压缩机；2—冷却器；3—油水分离器；4、7—储气罐；5—干燥器；6—过滤器；8—加热器；9—四通阀

图 7-3　压缩空气净化流程图

（一）空气压缩机

空气压缩机是压缩空气的发生装置，是气压传动系统的核心设备。它是将原动机（通常是电动机或柴油机）的机械能转换成气体压力能的装置。

1. 空气压缩机的分类

空气压缩机的种类很多，按工作原理可分为容积式、动力式和热力式几种。在气压传动系统中，一般采用容积式空气压缩机。容积式空气压缩机通过机构运动使密封空间容积大小发生周期性变化来完成吸气和对空气的压缩。

2. 空气压缩机的工作原理

图 7-4 所示是常用的活塞式空气压缩机。原动机驱动曲柄 8 做旋转运动，带动气缸活塞 3 做直线往复运动。当活塞向右运动时，气缸腔 2 密封容积增大，压力降低，大气顶开吸气阀 9 进入气缸腔 2，这个过程为吸气过程；当活塞向左运动时，气缸腔密封容积减小，气体被压缩，导致压力升高，吸气阀关闭，排气阀 1 打开，压缩空气被排出，这个过程为排气过程。单级单缸的空气压缩机就这样循环往复运动，不断产生压缩空气。大多数空气压缩机是由多缸多活塞组合而成的。

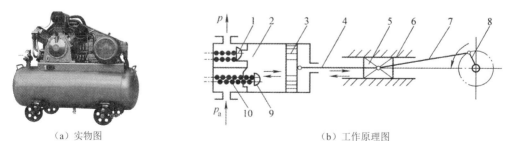

(a) 实物图　　　　　　　　(b) 工作原理图

1—排气阀；2—气缸腔；3—活塞；4—活塞杆；5—滑块；6—滑道；7—连杆；8—曲柄；9—吸气阀；10—弹簧

图 7-4　活塞式空气压缩机

3. 空气压缩机的选用

空气压缩机是依据气压传动系统的工作压力和流量这两个参数选定的，其排气量应

大于所有气压传动设备所需的最大耗气量之和。目前常用气压传动系统的工作压力为 0.5MPa～0.8MPa，可直接选用额定压力为 0.7MPa～1MPa 的低压空气压缩机，特殊情况下也可选用中压（1MPa～10MPa）、高压（10MPa～100MPa）或超高压（100MPa 以上）的空气压缩机。

（二）气源净化装置

空气压缩机产生的压缩空气的温度为 140～170℃，此时部分润滑油变成气态，加上空气中原有的水和灰尘，形成了水汽、油汽、灰尘等混合杂质，不能直接使用。故气压传动系统中必须设置除水、除油、除尘和干燥等气源净化装置。下面具体介绍几种常用的气源净化装置。

1. 后冷却器

后冷却器（见图 7-5）安装在空气压缩机的出口管道上，其作用是把空气压缩机排出的压缩空气的温度由 140～170℃降至 40～50℃，可使其中大部分的水、油转化成液态，更易于排出。后冷却器采用的冷却方法有风冷和水冷，一般采用水冷却法，其结构形式有蛇管式、列管式、散热片式、套管式等。图 7-5（c）为蛇管式后冷却器的结构示意图。热的压缩空气由蛇管上部进入，冷却水在管外水套中流动以进行冷却，冷却后压缩空气由蛇管下部流出。安装时应注意压缩空气和水的流动方向。

（a）实物图　　　　（b）图形符号　　　（c）蛇管式后冷却器的结构

图 7-5　后冷却器

2. 油水分离器

油水分离器安装在后冷却器的出口管道上，其作用是把从后冷却器降温析出的水滴、油滴等杂质从压缩空气中分离出来，使空气得到初步净化。其结构形式有环形回转式、撞击挡板式、离心旋转式、水浴式等。图 7-6 所示为撞击挡板式油水分离器。压缩空气自入口进入油水分离器壳体后受隔板的阻挡，撞击隔板后气流转折下降再上升排出，油滴、水滴等杂质由于惯性力和离心力的作用析出下沉，由排污阀定期排出。

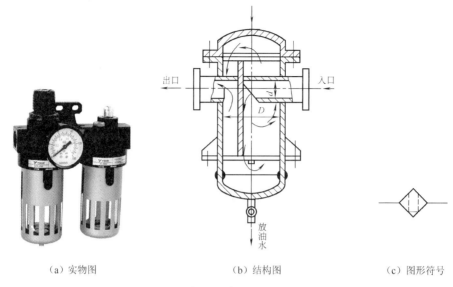

(a)实物图　　　　　(b)结构图　　　　　(c)图形符号

图 7-6　撞击挡板式油水分离器

3. 储气罐

储气罐的主要作用如下：

(1) 消除压缩空气的压力波动，保证供气的连续性和稳定性。

(2) 储存一定量的压缩空气以备应急时使用。

(3) 进一步分离压缩空气中的油分、水分等杂质。

图 7-7 所示为立式储气罐。

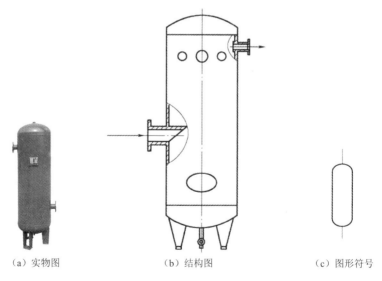

(a)实物图　　　　　(b)结构图　　　　　(c)图形符号

图 7-7　立式储气罐

4. 干燥器

干燥器的作用是进一步除去压缩空气中的水、油和灰尘。一般来说，经过以上净化处理的压缩空气已基本能满足一般气压传动系统的需求,但对于精密的气动装置和气动仪表的用气需求还不能满足,需进行进一步的净化处理。目前常用干燥器的原理是吸附法和冷冻法。图7-8所示为吸附式干燥器。

当吸附剂在使用一段时间后水分达到饱和状态时,吸附剂失去作用,因此需要将吸附剂中的水分排除,重新恢复其吸附水分的能力。图7-8中的管3、4、5即供吸附剂再生时使用的。工作时,关闭湿空气进气管18,由干燥空气输入管6输入干燥热空气,热空气从再生空气进气管5进入干燥器内,使吸附剂中的水分蒸发成水蒸气,经再生空气排气管3、4排出,吸附剂恢复吸附能力。在气压传动系统中,为保证供气的连续性,一般设置两套干燥器,交替工作。

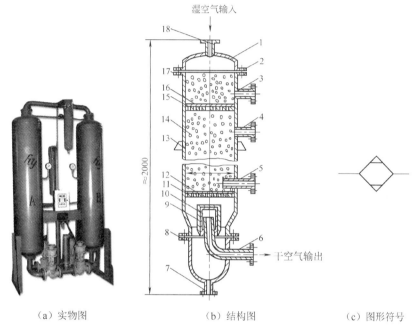

（a）实物图　　　　　（b）结构图　　　　　（c）图形符号

1—顶盖；2—法兰；3、4—再生空气排气管；5—再生空气进气管；6—干燥空气输入管；
7—排水管；8、17—密封垫；9、12、16—铜丝过滤网；10—毛毡层；11—下栅板；
13—支撑板；14—吸附剂层；15—上栅板；18—湿空气进气管

图7-8　吸附式干燥器

5. 分水滤气器

分水滤气器又称二次过滤器,其主要作用是分离水分,过滤杂质。其滤灰效率为70%~99%。目前QSL型分水滤气器在气压传动系统中应用很广,滤灰效率大于95%,分水效率大于75%。气压传动系统中一般称分水滤气器、减压阀、油雾器为气动三联件,是气压传动系统中必不可少的辅助装置,是系统压缩空气质量的最后保证,一般安装在用气设备附近。图7-9所示为气动三联件。

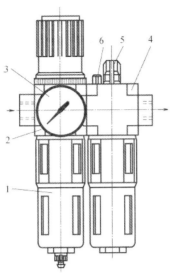

(a) 结构简图 (b) 图形符号

1—分水滤气器；2—减压阀；3—压力表；4—油雾器；5—油量调节螺钉；6—油杯放气螺塞

图 7-9　气动三联件

三、辅助元件

（一）油雾器

油雾器是一种特殊的注油装置，其作用是使润滑油雾化后注入空气流中，随压缩空气一起进入系统润滑可动部件。油雾器一般安装在分水滤气器、减压阀之后。图 7-10 所示为油雾器。

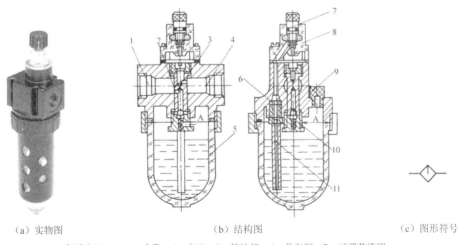

(a) 实物图　　　　　(b) 结构图　　　　　(c) 图形符号

1—气流入口；2、3—小孔；4—出口；5—储油杯；6—单向阀；7—可调节流阀；
8—视油器；9—旋塞；10—特殊单向阀；11—吸油管

图 7-10　油雾器

压缩空气从气流入口1进入，大部分气体从主气道流出，一小部分气体由小孔2通过特殊单向阀10进入储油杯5的上腔A，使杯中油面受压，迫使储油杯中的液压油经吸油管11、单向阀6和可调节流阀7滴入透明的视油器8内，再滴入喷嘴小孔3中，被主气道通过的气流引射出来，雾化后随气流由出口4输出，送入气压传动系统。透明的视油器可供观察滴油情况，上部的节流阀可用来调节滴油量。

（二）消声器

气缸、气动马达及气阀等排出的气体流速很高，气体体积急剧膨胀，引起气体振动，产生强烈的排气噪声，有时可达120dB，使工作环境恶化，工作效率降低，危害人体健康。一般噪声高于85dB时，就要设法降噪。为此，通常在气动元件的排气口安装消声器。

1. 吸收型消声器

吸收型消声器是依靠吸声材料来消声的，如图7-11所示。消声套由聚苯乙烯颗粒或钢珠烧结而成，气体通过消声套排出时，气流受到阻力，一部分声波被吸收转化为热能，从而降低了噪声。此类消声器用于消除中、高频噪声，可降噪约20 dB，在气压传动系统中应用最广。

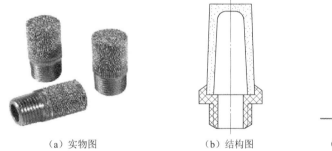

（a）实物图　　（b）结构图　　（c）图形符号

图7-11　吸收型消声器

2. 膨胀干涉吸收型消声器

膨胀干涉吸收型消声器的结构很简单，相当于一段比排气孔口径大的管件，如图7-12所示。当气流通过时，让气流在其内部扩散、膨胀、碰壁撞击、反射、相互干涉而消声。其特点是排气阻力小，消声效果好，但结构不紧凑。此类消声器主要用于消除中、低频噪声，尤其是低频噪声。

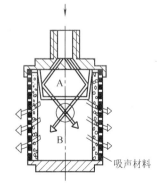

图7-12　膨胀干涉吸收型消声器

四、气动执行元件

在气压传动系统中气动执行元件是将压缩空气的压力能转变成机械能的元件。它包括气缸和气动马达，气缸用于实现直线往复运动或摆动；气动马达用于实现连续的回转运动。与液压缸相比,气缸结构简单、成本低、污染少、动作迅速,但推力小。气缸一般用于轻载系统。

(一) 气缸

1. 气缸的分类

(1) 气缸按活塞端面受压状态,可分为单作用气缸(见图 7-13)和双作用气缸(见图 7-14)。

(2) 气缸按结构特征,可分为活塞式气缸、柱塞式气缸、薄膜式气缸、叶片式摆动气缸、齿轮齿条式摆动气缸等。

(3) 气缸按功能可分为普通气缸和特殊气缸。普通气缸是指一般活塞式气缸,用于无特殊要求的场合。特殊气缸用于有特殊要求的场合,如气液阻尼缸、薄膜式气缸、冲击气缸、伸缩气缸等。

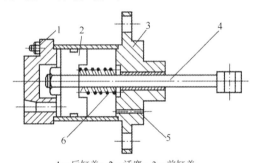

1—后缸盖;2—活塞;3—前缸盖;
4—活塞杆;5—通气孔;6—弹簧

图 7-13 单作用气缸的结构

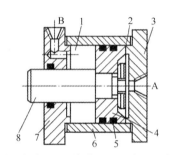

1、2—左右气腔;3—后缸盖;4—活塞;5—密封圈;
6—缸筒;7—前缸盖;8—活塞杆

图 7-14 双作用气缸的结构

2. 标准化气缸的标记和系列

标准化气缸使用的标记是符号"QG",符号 A、B、C、D、H 表示五种系列,具体标记方法如下:

QG　　A、B、C、D、H　　缸径×行程

GGA—无缓冲气缸;

QGB—标准杆气缸;

QGC—粗杆气缸;

QGD—气液式阻尼缸;

QGH—回转气缸。

例如,QGA100×125 表示缸径为 100mm、行程为 125mm 的无缓冲气缸。

标准化气缸的主要参数是缸筒内径 D 和行程 L。

标准化气缸系列有 11 种规格。

缸径 D(单位:mm):40、50、63、80、100、125、160、200、250、320、400。

行程 L（单位：mm）：对无缓冲气缸，要求 $L=(0.5\sim 2)D$；对有缓冲气缸，要求 $L=(1\sim 10)D$。

3. 常见气缸的工作原理及用途

普通气缸的工作原理及用途类似于液压缸，此处不再赘述。下面仅介绍特殊气缸。

1）气液阻尼缸

气液阻尼缸是由气缸和液压缸组合而成的，以压缩空气的压力能为能源，利用液压油的不可压缩性，通过控制液压油排量来获得活塞的平稳运动和调节活塞的运动速度。如图 7-15 所示，气液阻尼缸按其结构不同分为串联式和并联式两种。工作时，气缸活塞的运动速度可由节流阀来调节，油箱起补油作用。

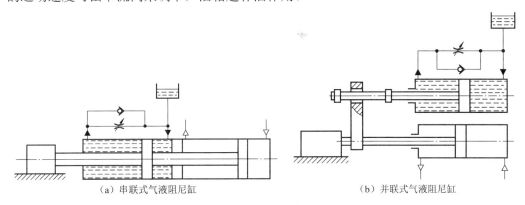

(a) 串联式气液阻尼缸　　(b) 并联式气液阻尼缸

图 7-15　气液阻尼缸

2）薄膜式气缸

如图 7-16 所示，薄膜式气缸是一种利用膜片在压缩空气作用下产生变形来推动活塞杆做直线运动的气缸，由缸体 1、膜片 2、膜盘 3 及活塞杆 4 等组成。薄膜式气缸分为单作用薄膜式气缸 [见图 7-16（b）] 和双作用薄膜式气缸 [见图 7-16（c）] 两种。薄膜式气缸结构简单、紧凑，制造容易，维修方便，寿命长，但因膜片的变形量有限，气缸的行程较小，且输出的推力随行程的增大而减小。

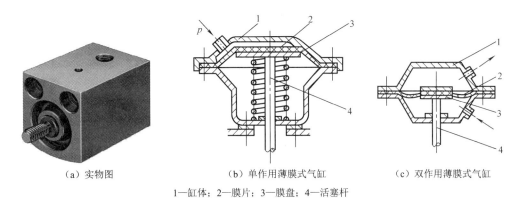

(a) 实物图　　(b) 单作用薄膜式气缸　　(c) 双作用薄膜式气缸

1—缸体；2—膜片；3—膜盘；4—活塞杆

图 7-16　薄膜式气缸

(二)气动马达

气动马达是把压缩空气的压力能转换成回转机械能的能量转换装置,驱动执行机构按一定速度做旋转运动,输出转矩和转速。在气压传动中应用最广泛的是叶片式气动马达和活塞式气动马达。

如图 7-17 所示,压缩空气由 A 口进入,小部分经定子两端密封盖的槽进入叶片底部(图中未画出),叶片伸出,紧贴在定子内壁上;大部分压缩空气进入气动马达内作用在叶片上,由于两叶片伸出长度不等,就产生了转矩差,使叶片与转子按逆时针方向旋转,废气从排气口 C 和 B 排出。若改变进、排气口,则可改变转子的转向,输出相反方向的力矩。

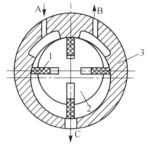

1—叶片;2—转子;3—定子

图 7-17 双向旋转叶片式气动马达工作原理

不同的气动马达具有不同的使用特点和适用范围,因此要结合负载特点和工作环境来选择合适的气动马达。叶片式气动马达应用于低转矩、高转速场合,如各种手提工具、复合工具、传送带等中小功率机械。活塞式气动马达适用于中、高转矩,中、低转速,中、大功率场合,如起重机、绞车等负荷大和启停特性要求较高的机械。活塞式气动马达只能单向旋转,因此对需要换向的场合不适用。

项目八　气压传动控制回路设计

工作任务一　单作用气缸的直接控制回路设计与仿真

学习情境描述

在气压传动系统中，单作用气缸结构简单，具有自动复位功能，在一些送料机构中使用，可实现自动送料功能。设计一个单作用气缸的直接控制回路，要求按下按钮阀，气缸伸出；松开按钮阀，气缸自动复位。

关键知识点：单向阀的工作原理和图形符号；换向型控制阀的工作原理和图形符号；压力控制阀的工作原理和图形符号。

关键技能点：单作用气缸、换向型控制阀的应用。

学习目标

（1）掌握单向阀、换向型控制阀、压力控制阀的工作原理和图形符号。
（2）能利用单作用气缸、换向型控制阀设计简单的方向控制回路。
（3）熟练应用气压传动试验台搭建回路。
（4）培养学生的自主学习能力和团结协作能力。
（5）培养学生良好的职业素养和6S能力。

任务书

利用软件设计一个单作用气缸的直接控制回路，要求按下换向阀控制按钮，气缸伸出；松开按钮，气缸自动缩回，并利用气动试验台完成搭建和演示。

任务分组

根据班级人数和具体的实训要求对班级进行分组，填写小组信息表（见表8-1）。分组过程中注重人员的均衡分配，积极倡导学生实现自我管理，促使学生养成良好的学习习惯，提高学生的团队协作能力。

表 8-1　小组信息表

小组信息					
班级名称		日期		指导教师	
小组名称		组长姓名		联系方式	
岗位分工	技术员	记录员	汇报员	观察员	资料员
组员姓名					

说明：组长负责统筹组织整个任务实施过程，技术员负责任务实施过程的操作，记录员负责过程记录工作，汇报员负责在分享信息时进行讲解汇报，观察员负责观察、总

结过程中忽略的问题、组员的工作效率问题及记录任务完成度等，资料员负责收集各类信息。任务实施过程中可根据具体情况由多人分担同一岗位的工作或一人身兼多职，可在不同任务中进行轮岗。小组成员要团结协作、积极参与。

获取信息

引导问题 1：单作用气缸的工作特点有哪些？

提示

单作用气缸的结构简单，由于缸体内安装复位弹簧，气缸有效行程减小，且复位弹簧的反作用力会随着压缩行程的增加而增大，使得活塞杆最后的输出力大大减小，所以单作用气缸多用于行程短，对活塞杆输出力和运动速度要求不高的场合。

引导问题 2：一个典型的气压传动系统由哪几部分组成？

工作计划

工作任务分为两部分，分别是利用软件对单作用气缸直接控制回路进行设计建模和利用试验台搭建回路并演示。小组成员共同讨论工作计划，列出本次工作任务中所用到的器材的名称、符号和数量。根据任务分析的情况，制定工作流程，完成工作计划流程表（见表 8-2），发送给指导教师审阅。

表 8-2 工作计划流程表

	工作计划流程表				
	序号	名称	符号	数量	备注
实训所需器材、元件	1				
	2				
	3				
	4				
	5				
	6				
	7				
	8				

续表

工作计划流程表					
工作计划	序号	工作步骤	预计达成目标	责任人	备注
	1				
	2				
	3				
	4				
	5				
	6				
	7				
	8				

优化决策

（1）各小组汇报各自的工作方案，教师根据各小组完成情况进行点评。

（2）各小组根据教师反馈进行讨论，完善工作方案。

引导问题 3：为了能够实现直接控制和自动复位，可选用什么方式控制的换向阀？并画出其图形符号。

具体实施

小组分工明确，全员参与，确保操作规范、安全。

1. 设计单作用气缸的直接控制回路并进行回路模拟仿真

各小组对单作用气缸的直接控制回路进行设计，并在软件上模拟仿真。根据模拟仿真的结果进一步细化方案，确定最终方案。

提示

注意阀的控制方式和初始状态。

2. 搭建单作用气缸的直接控制回路

根据设计方案，找到相应的元件，对单作用气缸的直接控制回路进行实物搭建演示。

提示

（1）使用按钮阀时，直到活塞杆完全伸出才能松开按钮，否则气缸无法工作到位。

（2）根据回路图，用塑料软管将各元件连接起来，插拔时要注意方法，操作应规范，不能损坏元件。

（3）接通气源前，再次检查元件安装是否牢固，包括气源的输出管道。

（4）接通压缩空气，按下阀的操作按钮，检查气缸的动作顺序是否正确。观察、记录其运动情况，及时分析和解决过程中出现的问题。

（5）实训结束后，关闭气源，拆下管线和元件并放回原位，对破损、老化的管线和问题元件进行及时处理。

3. 成果分享

随机抽取 2~3 个小组分别展示和讲解各自完成的回路图，讨论工作过程中出现的问题。针对问题，指导教师及时进行现场指导和分析。

4. 问题反思

引导问题 4：试分析直接控制回路的优点和缺点。

引导问题 5：单作用气缸能否在非工作状态下保压？

质量控制

引导问题 6：若用双作用气缸代替单作用气缸，能否设计出能自动复位的回路？如何实现？

引导问题 7：你知道的能直接夹持工件的气缸有哪些？

评价反馈

综合整个实训过程，结合任务实施过程中各组员的表现，落实 6S 管理工作。小组成员各自完成"自我评价"，组长和观察员完成"小组评价"，教师完成"教师评价"（见

表 8-3），最终根据学生在任务实施过程中的表现，教师给予评价。

表 8-3 评价表

班级		姓名		学号		日期	
序号	考核项目	自我评价（15%）		小组评价（45%）		教师评价（40%）	汇总
职业素养考核项目（40%）	遵守安全操作规范						
	遵守纪律，团结协作						
	态度端正，工作认真						
	做好6S管理						
专业能力考核项目（60%）	能按要求设计回路并仿真						
	能根据要求正确选择实训元件						
	能按照操作规范正确连接回路						
	搭建的回路能实现要求的功能						
	能正确拆装元件						
	能正确分析问题和得出结论						
合计							
总分及评价							

课后拓展

试用电磁换向阀替换回路中的手动换向阀，并设计其电气控制图。

学习情境相关知识点

一、方向控制阀

方向控制阀是控制压缩空气的流动方向和气路的通断,以控制执行元件启动、停止或者换向的控制元件,它是气压传动系统中应用最多的控制元件。方向阀可分为单向型控制阀和换向型控制阀。

(一) 单向型控制阀

单向型控制阀(简称单向阀)是指使气体只能沿一个方向流动,反方向不能流动的阀,与液压阀中的单向阀相似。单向阀还常与节流阀、顺序阀等组合成单向节流阀、单向顺序阀,其结构如图8-1(a)所示,其图形符号如图8-1(b)所示。

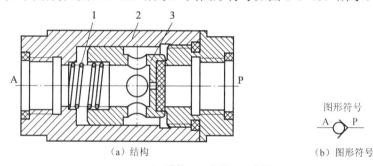

(a) 结构

1—弹簧;2—阀芯;3—阀体

图 8-1 单向阀

(二) 换向型控制阀

利用人力对阀芯位置进行控制的换向阀称为人力操作控制换向阀,分为手控阀和脚踏阀两大类。相比于其他操作方式控制的换向阀,人力操作控制换向阀使用频率较低,动作速度较慢,但阀的通径较小,操作比较灵活,一般用来直接控制气动执行元件,用作信号阀。图8-2所示的按钮式二位三通手动换向阀是手控阀的一种,常态下如图(a)所示,阀芯关闭进气孔①,气孔②、③连通;当按下按钮时,如图(b)所示,阀芯被压下,气孔①、②连通;图(c)所示为其图形符号。

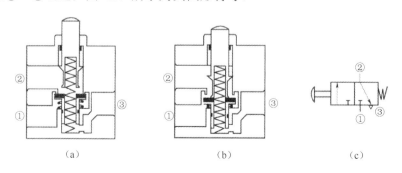

图 8-2 按钮式二位三通手动换向阀的工作原理

二、压力控制阀

在气压传动系统中,压力控制阀主要用来控制系统中气体压力的大小,满足系统不同的压力需要。它包括减压阀、顺序阀和安全阀。压力控制阀是利用压缩空气的压力和弹簧力相平衡的原理来工作的。

(一) 减压阀

由于压缩空气站的压力通常高于每台装置所需的工作压力,且压力波动较大,因此在系统入口处需要安装一个具有减压、稳压作用的元件,即减压阀。减压阀按照压力调节方式可分为直动式减压阀和先导式减压阀。

直动式减压阀的结构及图形符号如图 8-3 所示。直动式减压阀的工作原理是:当将调整旋钮 1 旋下,由压缩弹簧 2 推动膜片 4 和阀芯 5 下移,进气阀口被打开,压缩空气从左端进入。压缩空气经阀口节流减压后从右端流出,一部分气流经阻尼孔 7 进入膜片气室,在膜片 4 的下面产生一个向上的推力,这个推力总是企图把阀口关小,使其输出压力下降。当作用在膜片上的推力与弹簧力互相平衡时,减压阀的输出压力便保持稳定。

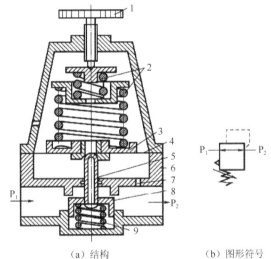

(a) 结构　　　　(b) 图形符号

1—调整旋钮;2—压缩弹簧;3—弹簧座;4—膜片;5—阀芯;
6—阀体;7—阻尼孔;8—减压阀;9—复位弹簧

图 8-3　直动式减压阀的结构及图形符号

(二) 顺序阀

顺序阀是依靠系统回路中压力的大小来控制各执行元件按顺序动作的压力控制阀,其作用和工作原理与液压顺序阀基本相同。顺序阀常与单向阀组合成单向顺序阀,其工作原理如图 8-4 所示。当压缩空气由 P 口进入时,单向阀 4 在压差和弹簧力的作用下处于关闭状态,作用在活塞 3 上的空气压力若超过压缩弹簧 2 上的预紧力,活塞被顶起,单向阀打开,压缩空气由 A 口排出;当压缩空气反向流动时,压缩空气直接顶开单向阀,由 O 口排出。调节调压手柄 1 就可改变单向顺序阀的开启压力。

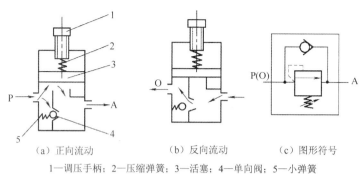

（a）正向流动　　　　（b）反向流动　　　（c）图形符号

1—调压手柄；2—压缩弹簧；3—活塞；4—单向阀；5—小弹簧

图 8-4　单向顺序阀

（三）溢流阀

在气压传动系统中，安全阀用来限制回路中的最高压力以保护回路、气源装置和保证回路压力稳定。如图 8-5 所示，当系统中的压力低于调定值时，阀处于关闭状态。当系统压力达到阀的调定压力时，压缩空气推动活塞 3 上移，阀口开启，压缩空气经阀口排放到大气中；当系统压力降低到调定值以下时，阀口关闭。

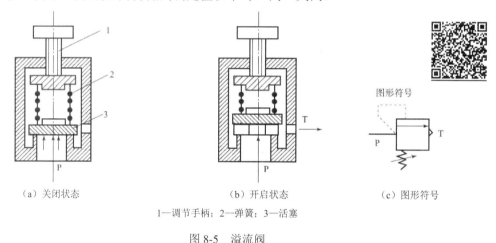

（a）关闭状态　　　　（b）开启状态　　　（c）图形符号

1—调节手柄；2—弹簧；3—活塞

图 8-5　溢流阀

三、手指式作用气缸

手指式作用气缸可以用来抓取物体，实现机械手的动作。其特点是所有结构都是双作用的，能实现双向抓取，抓取力矩恒定，气缸两侧可安装非接触式检测开关，有多种安装、连接方式。在自动化系统中，手指式作用气缸常应用在搬运、传送机构中，用来抓取、拾放物体。

图 8-6（a）所示为平行手指气缸，平行手指通过两个活塞工作。每个活塞由一个滚轮和一个双曲柄与气动手指相连，形成一个特殊的驱动单元。这样，气缸的手指总是径向移动，每个手指是不能单独移动的。

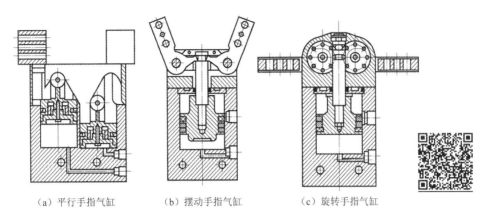

(a)平行手指气缸　　　(b)摆动手指气缸　　　(c)旋转手指气缸

图 8-6　手指式作用气缸

图 8-6（b）所示为摆动手指气缸，活塞杆上有一个环形槽，由于手指耳轴与环形槽相连，因而两个手指可同时移动且自动对中，并确保抓取力矩始终恒定。

图 8-6（c）所示为旋转手指气缸，其工作原理和齿轮齿条的啮合原理相似。活塞与一根可上下移动的轴固定在一起。轴的末端有三个环形槽，这些槽与两个驱动轮的齿啮合。这样，两个手指可同时移动并自动对中，确保了抓取力矩始终恒定。

工作任务二　双作用气缸的速度控制回路设计与仿真

学习情境描述

常见的自动升降门在门的前后装有略微浮起的踏板，行人踏上踏板后，踏板下沉压至检测阀，门就自动打开。行人走过去后，检测阀自动地复位换向，门就自动关闭，门开、关的速度可以根据需求调节。根据以上控制要求，设计出该系统的控制回路。

关键知识点：气控换向阀、流量控制阀的工作原理；速度控制回路的形式。

关键技能点：速度控制回路的应用。

学习目标

（1）掌握气控换向阀、流量控制阀的工作原理。
（2）掌握单向节流阀、气控换向阀的应用。
（3）培养学生的自主学习能力和团结协作能力。
（4）培养学生良好的职业素养和 6S 能力。

任务书

根据自动升降门的工作原理要求，行人走过后，检测阀自动地复位换向，门开关速度可根据需求调节。通过分析工作过程和要求，设计其控制回路并搭建演示。

任务分组

根据班级人数和具体的实训要求对班级进行分组，填写小组信息表（见表 8-4）。分组过程中注重人员的均衡分配，积极倡导学生实现自我管理，促使学生养成良好的学习习惯，提高学生的团队协作能力。

表 8-4　小组信息表

小　组　信　息					
班级名称		日期		指导教师	
小组名称		组长姓名		联系方式	
岗位分工	技术员	记录员	汇报员	观察员	资料员
组员姓名					

说明：组长负责统筹组织整个任务实施过程，技术员负责任务实施过程的操作，记录员负责过程记录工作，汇报员负责在分享信息时进行讲解汇报，观察员负责观察、总结过程中忽略的问题、组员的工作效率问题及记录任务完成度等，资料员负责收集各类信息。任务实施过程中可根据具体情况由多人分担同一岗位的工作或一人身兼多职，可在不同任务中进行轮岗。小组成员要团结协作、积极参与。

获取信息

引导问题 1：单气控换向阀和双气控换向阀有什么区别？

引导问题 2：普通节流阀和单向节流阀有什么区别？

引导问题 3：单向节流阀的安装需要注意什么？

引导问题 4：常用的节流调速形式有哪些？

工作计划

工作任务分为两部分，分别是利用软件对自动升降门的开关气压控制系统进行设计仿真和利用试验台搭建回路。小组成员共同讨论工作计划，列出本次工作任务中所用到的器材的名称、符号和数量。根据任务分析的情况，制定工作流程，完成工作计划流程表（见表 8-5），发送给指导教师审阅。

表 8-5　工作计划流程表

	序　号	名　　称	符　　号	数　　量	备　　注
实训所需器材、元件	1				
	2				
	3				
	4				
	5				
	6				
	7				
	8				

续表

工作计划流程表					
工作计划	序号	工作步骤	预计达成目标	责任人	备注
	1				
	2				
	3				
	4				
	5				
	6				
	7				
	8				

优化决策

（1）各小组汇报各自的工作方案，教师根据各小组完成情况进行点评。

（2）各小组根据教师反馈进行讨论，完善工作方案。

引导问题 5： 你认为该回路应该采用直接控制方式还是间接控制方式，为什么？

引导问题 6： 回路中的主阀应选用几位几通换向阀？

具体实施

小组分工明确，全员参与，确保操作规范、安全。

1. 利用双作用气缸和速度控制回路设计自动升降门开关控制回路并进行回路模拟仿真

各小组对自动升降门开关气压控制回路进行搭建，并在软件上模拟仿真。根据模拟仿真的结果进一步细化方案，确定最终方案。

提示

（1）注意阀的控制方式和初始状态。

（2）注意回路的控制要求。

2. 搭建自动升降门开关控制回路

根据设计方案，查找相应的元器件，对自动升降门开关控制回路进行搭建演示。

提示

（1）注意启动按钮的选用和连接。

（2）根据回路图，用塑料软管将各元件连接起来，插拔时要注意方法，操作应规范，不能损坏元件。

（3）接通气源前，再次检查元件安装是否牢固，包括气源的输出管道。

（4）接通压缩空气，按下阀的操作按钮，检查气缸的动作顺序是否正确。观察、记录运动情况，及时分析和解决过程中出现的问题。

（5）实训结束后，关闭气源，拆下管线和元件并放回原位。对破损、老化的管线和问题元件进行及时处理。

3. 成果分享

随机抽取 2～3 个小组分别展示和讲解各自完成的回路图，讨论工作过程中出现的问题。针对问题，指导教师及时进行现场指导和分析。

4. 问题反思

引导问题 7：气缸的启动方向是否正常？若不正确，说明原因。

引导问题 8：所模拟仿真的回路是否能正常实现任务要求的功能？

质量控制

引导问题 9：该自动升降门开关气压控制回路选用了单气控换向阀还是双气控换向阀？为什么？

引导问题 10：请简要列出该回路搭建过程中的注意事项。

评价反馈

综合整个实训过程，结合任务实施过程中各组员的表现，落实 6S 管理工作。小组成员各自完成"自我评价"，组长和观察员完成"小组评价"，教师完成"教师评价"（见表 8-6），最终根据学生在任务实施过程中的表现，教师给予评价。

表 8-6 评价表

班级		姓名		学号		日期		
序号	考核项目	自我评价（15%）		小组评价（45%）		教师评价（40%）		汇总
职业素养考核项目（40%）	遵守安全操作规范							
	遵守纪律，团结协作							
	态度端正，工作认真							
	做好 6S 管理							
专业能力考核项目（60%）	能按要求设计回路并仿真							
	能根据要求正确选择实训元件							
	能按照操作规范正确连接回路							
	搭建的回路能实现要求的功能							
	能正确拆装元件							
	能正确分析问题和得出结论							
合计								
总分及评价								

课后拓展

节流进气调速方式和节流排气调速方式各有什么特点？各用于什么场合？

◆ 学习情境相关知识点 ◆

一、气压控制换向阀

气压控制换向阀简称气控换向阀。

(一)单气控加压式换向阀

单气控加压式换向阀是利用空气的压力与弹簧力相平衡的原理来控制换向的。二位三通单气控加压式换向阀的工作原理及图形符号如图 8-7 所示。当 K 口有压缩空气进入时,阀芯下移,P 口与 A 口接通。当 K 口没有压缩空气进入时,阀芯在弹簧力和下腔气体压力的作用下,阀芯位于上端,A 口与 T 口接通。

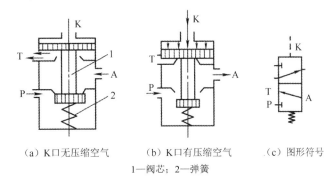

(a) K口无压缩空气　　(b) K口有压缩空气　　(c) 图形符号
1—阀芯;2—弹簧

图 8-7　二位三通单气控加压式换向阀的工作原理及图形符号

(二)双气控加压式换向阀

双气控加压式换向阀阀芯两边都可利用压缩空气来控制换向,但一次只作用于一边。双气控加压式换向阀的工作原理和图形符号如图 8-8 所示。这种换向阀具有记忆功能,即控制信号消失后其仍保持在信号消失前的工作状态。这种换向阀换向时动作灵敏,但对气源要求较高。

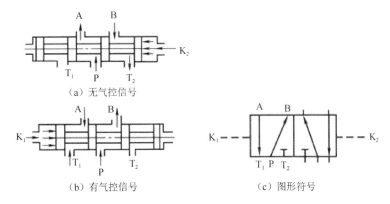

(a) 无气控信号

(b) 有气控信号　　(c) 图形符号

图 8-8　双气控加压式换向阀的工作原理和图形符号

气压控制换向阀的应用如图 8-9 所示。

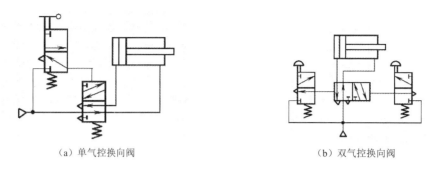

(a) 单气控换向阀　　　　　　　　(b) 双气控换向阀

图 8-9　气压控制换向阀的应用

二、流量控制阀

流量控制阀是通过改变阀的通流面积来实现流量控制的元件。它常用来控制气缸的运动速度、换向阀的切换时间和气动信号的传递速度，包括节流阀、单向节流阀、排气节流阀等。由于节流阀和单向节流阀的工作原理与液压阀中同类阀相似，在此仅对排气节流阀做简要介绍。

排气节流阀装在执行元件的排气口处，通过调节排入大气的压缩空气的流量来改变执行元件的运动速度。它常带有消声器以降低排气噪声，并能防止杂质通过排气口污染气道中的元件。排气节流阀的工作原理及图形符号如图 8-10 所示。

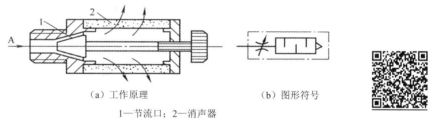

(a) 工作原理　　　　　　　　(b) 图形符号

1—节流口；2—消声器

图 8-10　排气节流阀

三、速度控制回路

（一）单作用气缸速度控制回路

图 8-11（a）所示为采用节流阀的调速回路。该回路通过改变节流阀的开口来调节活塞速度。该回路的运动平稳性和速度刚度都较差，易受外负载变化的影响。该回路适用于对速度稳定性要求不高的场合。

图 8-11（b）所示为采用单向节流阀的调速回路。两个反向安装的单向节流阀分别控制活塞两个方向的运动速度。

（二）双作用气缸速度控制回路

双作用气缸单向节流阀调速回路是双作用气缸速度控制回路的一种，它可分为进口节流调速回路、出口节流调速回路。进口节流调速回路中的执行元件的运动速度靠进气侧的单向节流阀调节，回路承载能力大，但不能承受负值负载，运动平稳性受外负载变化影响大，用于对速度稳定性要求不高的场合。出口节流调速回路中的执行元件的运动速度靠排气侧的单向节流阀调节。该回路可承受负值负载，运动平稳性好，受外负载变化的影响较小。图 8-12 所示为双向调速回路，进、排气口均安装单向节流阀进行调速。

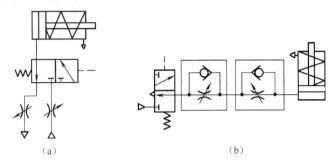

图 8-11　单作用气缸速度控制回路

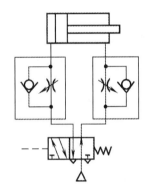

图 8-12　双向调速回路

（三）气液联动速度控制回路

气液联动速度控制回路具有运动平稳、停止准确、泄漏途径少、能耗低等特点，可用在负载变化大的场合。图 8-13（a）所示为利用气液转换器和行程阀来实现变速的速度控制回路，它靠行程阀的切换，使执行元件由快进转变为慢进。改变单向节流阀的开口大小，可获得任意低速。图 8-13（b）所示为利用气液阻尼缸的速度控制回路，通过调节两个单向节流阀的开口大小实现两个运动方向上的调速。

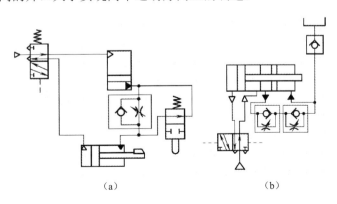

图 8-13　气液联动速度控制回路

工作任务三 双作用气缸的逻辑控制回路设计与仿真

学习情境描述

在气动设备中，如果有多个输入信号来控制气缸的动作，经常会用到逻辑功能元件来处理这些逻辑关系，完成正确动作。比如在一些设备中，为了防止误操作导致事故，工作装置需要同时控制两个按钮，气缸才会动作。本任务利用逻辑阀设计一个逻辑功能控制回路。

关键知识点：逻辑阀、快速排气阀的工作原理；逻辑阀、快速排气阀的应用。

关键技能点：逻辑控制回路设计。

学习目标

（1）掌握逻辑阀、快速排气阀的工作原理和图形符号。
（2）掌握逻辑阀、快速排气阀的应用。
（3）培养学生的自主学习能力和团结协作能力。
（4）培养学生良好的职业素养和 6S 能力。

任务书

利用逻辑阀设计回路，要求同时按下两个按钮，气缸伸出；松开按钮，气缸自动复位，气缸伸出时速度可调，并利用气动试验台完成搭建演示。

任务分组

根据班级人数和具体的实训要求对班级进行分组，填写小组信息表（见表8-7）。分组过程中注重人员的均衡分配，积极倡导学生实现自我管理，促使学生养成良好的学习习惯，提高学生的团队协作能力。

表 8-7 小组信息表

小 组 信 息					
班级名称		日期		指导教师	
小组名称		组长姓名		联系方式	
岗位分工	技术员	记录员	汇报员	观察员	资料员
组员姓名					

说明：组长负责统筹组织整个任务实施过程，技术员负责任务实施过程的操作，记录员负责过程记录工作，汇报员负责在分享信息时进行讲解汇报，观察员负责观察、总结过程中忽略的问题、组员的工作效率问题及记录任务完成度等，资料员负责收集各类信息。任务实施过程中可根据具体情况由多人分担同一岗位的工作或一人身兼多职，可在不同任务中进行轮岗。小组成员要团结协作、积极参与。

项目八 气压传动控制回路设计

获取信息

引导问题 1：气动逻辑控制元件在回路中主要起什么作用?

引导问题 2：画出与门型梭阀、或门型梭阀的图形符号。如何区分这两种阀?

工作计划

工作任务分为两部分，分别是利用软件进行回路设计仿真和利用试验台搭建回路。小组成员共同讨论工作计划，列出本次工作任务中所用到的器材的名称、符号和数量。根据任务分析的情况，制定工作流程，完成工作计划流程表（见表 8-8），发送给指导教师审阅。

表 8-8 工作计划流程表

			工作计划流程表		
	序 号	名 称	符 号	数 量	备 注
实训所需器材、元件	1				
	2				
	3				
	4				
	5				
	6				
	7				
	8				
	序 号	工作步骤	预计达成目标	责 任 人	备 注
工作计划	1				
	2				
	3				
	4				
	5				
	6				
	7				
	8				

优化决策

（1）各小组汇报各自的工作方案，教师根据各小组完成情况进行点评。

（2）各小组根据教师反馈进行讨论，完善工作方案。

引导问题 3：本回路采用与门型梭阀还是或门型梭阀？

引导问题 4：主换向阀选择单气控阀还是双气控阀？

引导问题 5：启动按钮阀采用的是常开式阀还是常闭式阀？

具体实施

小组分工明确，全员参与，确保操作规范、安全。

1. 逻辑控制回路设计和模拟仿真

各小组对逻辑控制回路进行设计，并在软件上模拟仿真。根据模拟仿真结果进一步细化回路，确定最终方案。

提示

（1）注意阀的控制方式和初始状态。

（2）注意气缸的自动复位控制实现的方式。

（3）气缸伸出时，要求气缸速度可调。

（4）系统的工作压力应该可以调节。

2. 逻辑控制回路搭建

根据设计方案，找到相应的元件，对逻辑控制回路进行搭建演示。

提示

（1）使用按钮阀时，直到活塞杆完全伸出才能松开按钮，否则气缸无法工作到位。

（2）根据回路图，用塑料软管将各元件连接起来，插拔时要注意方法，操作应规范，不能损坏元件。

（3）接通气源前，再次检查元件安装是否牢固，包括气源的输出管道。

（4）接通压缩空气，按下阀的操作按钮，检查气缸的动作顺序是否正确。观察、记录运动情况，及时分析和解决过程中出现的问题。

（5）实训结束后，关闭气源，拆下管线和元件并放回原位，对破损、老化的管线和问题元件进行及时处理。

3. 成果分享

随机抽取 2~3 个小组分别展示和讲解各自完成的回路图，讨论工作过程中出现的问题。针对问题，指导教师及时进行现场指导和分析。

4. 问题反思

引导问题 6： 双气控二位换向阀的初始状态是否都与图形符号所示相同？

引导问题 7： 在活塞伸出过程中，松开按钮会发生什么状况？

引导问题 8： 能否利用快速排气阀实现速度控制？

质量控制

引导问题 9： 若与门型梭阀两端输入口 P_1 和 P_2 的压力不同，A 口是否有输出？

引导问题 10：本小组能否选用另外一种逻辑阀设计出实现同样功能的其他控制回路？

评价反馈

综合整个实训过程，结合任务实施过程中各组员的表现，落实 6S 管理工作。小组成员各自完成"自我评价"，组长和观察员完成"小组评价"，教师完成"教师评价"（见表 8-9），最终根据学生在任务实施过程中的表现，教师给予评价。

表 8-9 评价表

班级		姓名		学号		日期	
序号	考核项目	自我评价（15%）		小组评价（45%）		教师评价（40%）	汇总
职业素养考核项目（40%）	遵守安全操作规范						
	遵守纪律，团结协作						
	态度端正，工作认真						
	做好 6S 管理						
专业能力考核项目（60%）	能按要求设计回路并仿真						
	能根据要求正确选择实训元件						
	能按照操作规范正确连接回路						
	搭建的回路能实现要求的功能						
	能正确拆装元件						
	能正确分析问题和得出结论						
	合计						
	总分及评价						

课后拓展

设计双作用气缸的与、或逻辑功能往复动作回路，所需元件如表 8-10 所示。

要求：

（1）气缸的初始状态是缩回的；

（2）同时使用与门型梭阀、或门型梭阀来实现控制；

（3）当按下启动按钮时，气缸伸出，碰到滚轮杠杆阀后自动复位，不断重复动作，当松开按钮时，气缸复位停止。

项目八 气压传动控制回路设计

表8-10 元件表

名　　称	型　　号	符　　号	数　　量
气动三联件	AC2000-D		1
常闭式按钮阀	MSV98322PPC		2
带压力表的减压阀	AR2000		1
双作用气缸	MAL20-75-S		1
双气控二位五通阀	4A220-08		1
或门型梭阀	ST-01		1
滚轮杠杆阀（常闭式）	MSV98322R		2
与门型梭阀	KSY-L3		1
气管	ϕ6mm		若干
三通			4

◆ 学习情境相关知识点 ◆

一、与门型梭阀

与门型梭阀又称双压阀,双压阀的工作原理和图形符号如图 8-14 所示。双压阀相当于两个单向阀的组合,其作用相当于"与门"。它有两个进气口 P_1 和 P_2、一个排气口 A。当 P_1 口和 P_2 口单独进气时,阀芯被推向另一侧,A 口无压缩空气排出。只有当 P_1 口和 P_2 口同时进气时,A 口才有压缩空气排出。当 P_1 口和 P_2 口进气的气压不等时,气压低的压缩空气通过 A 口排出。双压阀的应用如图 8-15 所示。

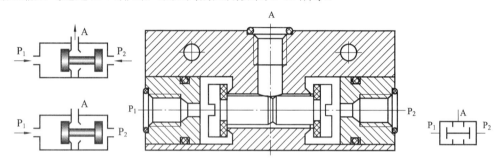

图 8-14 双压阀的工作原理和图形符号

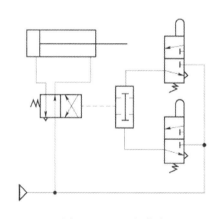

图 8-15 双压阀的应用

二、或门型梭阀

或门型梭阀也相当于两个单向阀的组合,其作用相当于逻辑元件中的"或门"。或门型梭阀的结构及图形符号如图 8-16 所示,其有两个不相通的进气口 P_1 与 P_2,当 P_1 口进气时,阀芯右移堵死 P_2 口,压缩空气从 A 口排出;当 P_2 口进气时,阀芯左移堵死 P_1 口,压缩空气从 A 口排出;当 P_1 口、P_2 口都进气时,按进气的先后顺序和压力的大小而定。两端压力不同,则高压口的通路打开,低压口的通路关闭,A 口输出从高压口进入的压缩空气。或门型梭阀常用于两个信号都可控制同一个动作的场合。或门型梭阀的应用如图 8-17 所示。

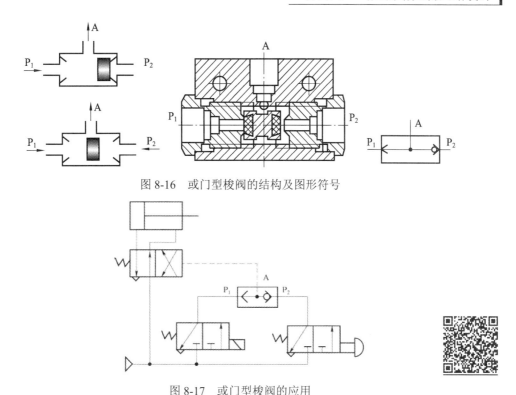

图 8-16　或门型梭阀的结构及图形符号

图 8-17　或门型梭阀的应用

三、快速排气阀

快速排气阀简称快排阀，是为使气缸快速排气，加快气缸运动速度而设置的。它一般安装在换向阀和气缸之间。图 8-18 所示为膜片式快速排气阀，当 P 口进气时，推动膜片向下变形，打开 P 口与 A 口的通路，关闭 T 口；当 P 口没有进气时，从 A 口进入的气体推动膜片向上复位，关闭 P 口，从 A 口进入的气体经 T 口快速排出。快速排气阀的应用如图 8-19 所示。

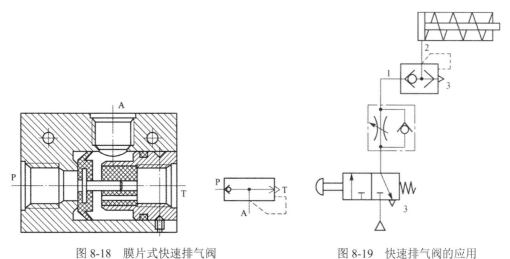

图 8-18　膜片式快速排气阀　　　　图 8-19　快速排气阀的应用

工作任务四　双作用气缸与逻辑功能及延时控制回路设计与仿真

> **学习情境描述**

气动执行元件在终端位置停留时间的控制和设定，可以采用电气控制，通过时间继电器实现；如果采用气动控制，可采用专业的延时阀实现。延时阀是气压传动系统中的一种时间控制元件，主要通过调节节流阀控制进入气室的压缩空气的压力上升速率实现延时控制。在气动设备中，执行元件经常需要短时间的停留，实现加工或者其他工序。

关键知识点：延时阀的工作原理；延时阀的应用。

关键技能点：延时控制回路设计。

学习目标

（1）掌握延时阀的工作原理和图形符号。
（2）能运用延时阀进行回路设计。
（3）培养学生的自主学习能力和团结协作能力。
（4）培养学生良好的职业素养和 6S 能力。

任务书

设计一个与逻辑功能及延时控制回路，要求气缸伸出后，气缸停留 3s 后自动复位，只要一直按住按钮，气缸可以循环动作。

任务分组

根据班级人数和具体的实训要求对班级进行分组，填写小组信息表（见表 8-11）。分组过程中注重人员的均衡分配，积极倡导学生实现自我管理，促使学生养成良好的学习习惯，提高学生的团队协作能力。

表 8-11　小组信息表

小 组 信 息					
班级名称		日期		指导教师	
小组名称		组长姓名		联系方式	
岗位分工	技术员	记录员	汇报员	观察员	资料员
组员姓名					

说明：组长负责统筹组织整个任务实施过程，技术员负责任务实施过程的操作，记录员负责过程记录工作，汇报员负责在分享信息时进行讲解汇报，观察员负责观察、总结过程中忽略的问题、组员的工作效率问题及记录任务完成度等，资料员负责收集各类信息。任务实施过程中可根据具体情况由多人分担同一岗位的工作或一人身兼多职，可在不同任务中进行轮岗。小组成员要团结协作、积极参与。

获取信息

引导问题 1：常开式滚轮杠杆阀和常闭式滚轮杠杆阀在使用时有什么区别？

引导问题 2：如何使回路具有延时功能？

引导问题 3：双压阀（与门型梭阀）如何跟气缸的循环动作控制回路连接起来？

工作计划

工作任务分为两部分，分别是利用软件进行回路设计仿真和利用试验台搭建回路。小组成员共同讨论工作计划，列出本次工作任务中所用到的器材的名称、符号和数量。根据任务分析的情况，制定工作流程，完成工作计划流程表（见表 8-12），发送给指导教师审阅。

表 8-12　工作计划流程表

	工作计划流程表				
	序　号	名　称	符　号	数　量	备　注
实训所需器材、元件	1				
	2				
	3				
	4				
	5				
	6				
	7				
	8				
	序　号	工 作 步 骤	预计达成目标	责 任 人	备　注
工作计划	1				
	2				
	3				
	4				
	5				
	6				
	7				
	8				

优化决策

（1）各小组汇报各自的工作方案，教师根据各小组完成情况进行点评。

（2）各小组根据教师反馈进行讨论，完善工作方案。

引导问题 4：主换向阀应该选择单气控换向阀还是双气控换向阀？

引导问题 5：为了实现气缸循环往复运动，滚轮杠杆阀使用常闭式的还是常开式的？

具体实施

小组分工明确，全员参与，确保操作规范、安全。

1. 延时控制回路设计和模拟仿真

各小组对延时控制回路进行设计，并在软件上模拟仿真。根据模拟仿真结果进一步细化方案，确定最终方案。

提示

（1）选择相应元件，注意观察阀的控制方式和工作位。

（2）延时阀选用常闭式。

（3）气缸伸出和缩回时，都要求气缸速度可调。

2. 延时控制回路搭建

根据设计方案，找到相应的元件，对延时控制回路进行实物搭建演示。

提示

（1）使用延时阀时，应能正确判断进出口和控制口。

（2）根据回路图，用塑料软管将各元件连接起来，插拔时要注意方法，操作应规范，不能损坏元件。

（3）接通气源前，再次检查元件安装是否牢固，包括气源的输出管道。

（4）接通压缩空气，按下阀的操作按钮，检查气缸的动作顺序是否正确。观察、记录其运动情况，及时分析和解决过程中出现的问题。

（5）实训结束后，关闭气源，拆下管线和元件并放回原位，对破损、老化的管线和问题元件进行及时处理。

3. 成果分享

随机抽取 2~3 个小组分别展示和讲解各自完成的回路图，讨论工作过程中出现的问题。针对问题，指导教师及时进行现场指导和分析。

4. 问题反思

引导问题 6：该回路主换向阀是双气控二位五通阀，能否用三位五通阀代替？

引导问题 7：如何判断延时阀是常开式的还是常闭式的？

引导问题 8：如何判断滚轮杠杆阀是常开式的还是常闭式的？

质量控制

引导问题 9：进入气缸的压缩空气流动的方向是否正确？若不正确，则需查看主换向阀的初始位置是否正确。

引导问题 10：简述延时阀的工作原理。

引导问题 11：回路中的双压阀（与门型梭阀）能否用或门型梭阀来代替？如何设计回路？

评价反馈

综合整个实训过程，结合任务实施过程中各组员的表现，落实 6S 管理工作。小组成员各自完成"自我评价"，组长和观察员完成"小组评价"，教师完成"教师评价"（见表 8-13），最终根据学生在任务实施过程中的表现，教师给予评价。

表 8-13 评价表

班级		姓名		学号		日期	
序号	考核项目	自我评价（15%）		小组评价（45%）		教师评价（40%）	汇总
职业素养考核项目（40%）	遵守安全操作规范						
	遵守纪律，团结协作						
	态度端正，工作认真						
	做好 6S 管理						
专业能力考核项目（60%）	能按要求设计回路并仿真						
	能根据要求正确选择实训元件						
	能按照操作规范正确连接回路						
	搭建的回路能实现要求的功能						
	能正确拆装元件						
	能正确分析问题和得出结论						
	合计						
	总分及评价						

课后拓展

回路中能否利用其他方式实现延时阀的作用？如何实现？

项目八 气压传动控制回路设计

◆ 学习情境相关知识点 ◆

一、气压延时换向阀

气压延时换向阀是一种带有时间信号元件的换向阀,如图 8-20 所示。时间信号元件由气容 C 和一个单向节流阀组成。时间信号元件用来控制主阀换向。当 K 口通入信号气流时,气流通过节流阀的节流口进入气容 C,经过一定时间后,使主阀阀芯左移而换向。调节节流口的大小可控制主阀延时换向的时间,一般延时时间为几分之一秒至几分钟。当去掉信号气流后,气容 C 经单向阀快速放气,主阀阀芯在左端弹簧作用下返回右端。

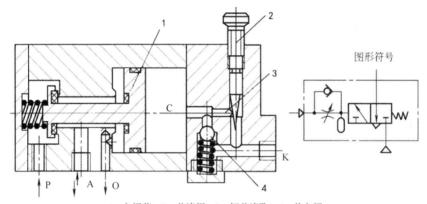

1—主阀芯;2—节流阀;3—恒节流孔;4—单向阀

图 8-20 气压延时换向阀的结构和图形符号

二、延时回路

如图 8-21 所示,图(a)为延时输出回路,当控制信号使换向阀 4 换位后,压缩空气经单向节流阀 3 为气罐 2 充气。当充气压力经过延时升高致使换向阀 1 换位时,换向阀 1 就有输出。图(b)为延时退回回路,压下换向阀 8,则活塞杆向外伸出,当活塞杆在伸出行程中压下换向阀 5 后,压缩空气经节流阀到气罐 6,延时后才将换向阀 7 换位,活塞退回。改变节流阀的开度,可调节延时换向的时间。

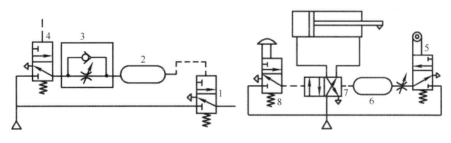

(a)延时输出回路　　　　　　　　(b)延时退回回路

1、4、5、7、8—换向阀;2、6—气罐;3—单向节流阀

图 8-21 延时回路

工作任务五　双缸往复动作电气联合控制回路设计与仿真

学习情境描述

在液压与气压传动系统中主要利用光电开关、接近开关、磁性开关等确定工件的位置、有无及执行元件的工作状态，同时利用电磁阀来控制执行元件的换向。目前，在自动化生产线中经常会用到电气联合控制来控制设备工作。

关键知识点：电磁换向阀的工作原理和图形符号；中间继电器的工作原理和图形符号；电气基本控制回路。

关键技能点：多缸往复运动回路的设计、仿真及搭建；电气控制回路的设计及搭建。

学习目标

（1）掌握电磁换向阀、中间继电器的工作原理和图形符号。
（2）能完成多缸往复运动回路中气动回路和电气回路的设计。
（3）电气回路的设计和连接。
（4）培养学生的自主学习能力和团结协作能力。
（5）培养学生良好的职业素养和 6S 能力。

任务书

设计一个双缸往复动作电气联合控制回路，要求利用电磁换向阀和行程开关控制执行元件的往复循环运动，要求两个气缸能实现顺序动作的循环工作，并且能够调节气缸往复运动的速度。设计其电气回路，利用气动试验台搭建回路并演示。

任务分组

根据班级人数和具体的实训要求对班级进行分组，填写小组信息表（见表 8-14）。分组过程中注重人员的均衡分配，积极倡导学生实现自我管理，促使学生养成良好的学习习惯，提高学生的团队协作能力。

表 8-14　小组信息表

小　组　信　息					
班级名称		日期		指导教师	
小组名称		组长姓名		联系方式	
岗位分工	技术员	记录员	汇报员	观察员	资料员
组员姓名					

说明：组长负责统筹组织整个任务实施过程，技术员负责任务实施过程的操作，记录员负责过程记录工作，汇报员负责在分享信息时进行讲解汇报，观察员负责观察、总结过程中忽略的问题、组员的工作效率问题及记录任务完成度等，资料员负责收集各类信息。任务实施过程中可根据具体情况由多人分担同一岗位的工作或一人身兼多职，可

项目八 气压传动控制回路设计

在不同任务中进行轮岗。小组成员要团结协作、积极参与。

获取信息

引导问题 1：行程开关的工作原理是什么？包括哪两种？

引导问题 2：电气基本回路包括哪些？其中自锁电路和互锁电路设置的目的是什么？

引导问题 3：气动回路中电磁换向阀的电磁铁与电气回路如何连接？

工作计划

工作任务分为两部分，分别是利用软件对回路进行设计建模和利用试验台进行搭建演示。小组成员共同讨论工作计划，列出本次工作任务中所用到的器材的名称、符号和数量。根据任务分析的情况，制定工作流程，完成工作计划流程表（见表 8-15），发送给指导教师审阅。

表 8-15　工作计划流程表

	工作计划流程表				
	序　号	名　　称	符　　号	数　　量	备　　注
实训所需器材、元件	1				
	2				
	3				
	4				
	5				
	6				
	7				
	8				

续表

工作计划流程表				
序 号	工 作 步 骤	预计达成目标	责 任 人	备 注
1				
2				
3				
4				
5				
6				
7				
8				

（工作计划）

优化决策

（1）各小组汇报各自的工作方案，教师根据各小组完成情况进行点评。

（2）各小组根据教师反馈进行讨论，完善工作方案。

引导问题 4：行程开关选用常开式的还是常闭式的？

具体实施

小组分工明确，全员参与，确保操作规范、安全。

1. 设计双缸往复动作电气联合控制回路

各小组对双缸往复动作电气联合控制回路进行设计，并在软件上进行模拟仿真。根据模拟仿真结果进一步细化方案，确定最终方案。

 提示

（1）气压回路。两个双作用气缸的初始状态为缩回，伸出动作分别利用两个单电控二位五通阀控制，同时利用行程阀来实现气缸的往复动作控制。要求 A 缸伸出后触发行程阀，经电磁换向阀换向后按照 B 缸伸出→A 缸缩回→B 缸缩回动作，利用单向节流阀控制气缸往复动作速度。

（2）电气回路。用控制开关控制回路，两个电磁阀分别控制一个气缸动作。按下启动按钮 SB1，两气缸按照 A 缸伸出→B 缸伸出→A 缸缩回→B 缸缩回的动作不断运动；按下控制按钮 SB2，回路停止动作。

（3）注意行程开关和电磁铁的连接。

2. 搭建双缸往复动作电气联合控制回路

根据模拟仿真结果,找到相应的元件,进行双缸往复动作电气联合控制回路的实物搭建。

提示

(1)连接电气回路时,操作应规范,正负极要区分颜色。

(2)接通压缩空气,按下阀的操作按钮,检查气缸的动作顺序是否正确。观察、记录其运动情况,及时分析和解决过程中出现的问题。

(3)实训结束后,关闭气源,拆下管线和元件并放回原位,对破损、老化的管线和问题元件进行及时处理。

3. 成果分享

随机抽取 2~3 个小组分别展示和讲解各自完成的回路图,讨论工作过程中出现的问题。针对问题,指导教师及时进行现场指导和分析。

4. 问题反思

引导问题 5:如何利用设备判断行程开关是常开式的还是常闭式的?

引导问题 6:分析工作过程,如何接电气回路更容易接正确?

质量控制

引导问题 7:电气回路中直接控制和间接控制有什么区别?

引导问题 8:电气回路中是否都要设计急停开关?

引导问题 9：如果回路使用的是双电控直动式电磁换向阀，试设计其电气控制回路。

引导问题 10：延时回路如果用延时继电器代替，电气控制如何实现？

评价反馈

综合整个实训过程，结合任务实施过程中各组员的表现，落实 6S 管理工作。小组成员各自完成"自我评价"，组长和观察员完成"小组评价"，教师完成"教师评价"（见表 8-16），最终根据学生在任务实施过程中的表现，教师给予评价。

表 8-16 评价表

班级		姓名		学号		日期	
序号	考核项目	自我评价（15%）		小组评价（45%）		教师评价（40%）	汇总
职业素养考核项目（40%）	遵守安全操作规范						
	遵守纪律，团结协作						
	态度端正，工作认真						
	做好 6S 管理						
专业能力考核项目（60%）	能按要求设计回路并仿真						
	能根据要求正确选择实训元件						
	能按照操作规范正确连接回路						
	搭建的回路能实现要求的功能						
	能正确拆装元件						
	能正确分析问题和得出结论						
合计							
总分及评价							

课后拓展

工作任务中的多缸往复运动回路能否利用顺序阀来设计？如何实现？

项目八　气压传动控制回路设计

◆ 学习情境相关知识点 ◆

一、电气控制中的电磁阀

（一）直动式电磁换向阀

利用电磁力直接推动阀芯换向的气阀称为直动式电磁换向阀，它有单电控和双电控两种，其工作原理与液压传动中的电磁换向阀相似。

（二）先导式电磁换向阀

先导式电磁换向阀由电磁先导阀和气动换向阀组成，它利用直动式电磁换向阀输出的先导气压去控制主阀阀芯，实现换向。

图 8-22 为二位五通先导式电磁换向阀的工作原理和图形符号，当图（a）中的左端电磁先导阀 1 通电时，主阀 3 的 K_1 腔进气，K_2 腔排气，主阀阀芯向右移动，P 口与 A 口接通，同时 B 口与 O_2 口接通；当图（b）中的右端电磁先导阀 2 通电时，K_2 腔进气，K_1 腔排气，主阀阀芯向左移动，P 口与 B 口接通，A 口与 O_1 口接通。先导式双电控阀具有记忆功能，通电时才换向，断电时并不自动返回原位，且两电磁铁不能同时通电。

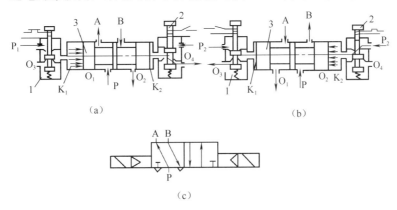

图 8-22　二位五通先导式电磁换向阀的工作原理和图形符号

二、往复动作控制回路

往复动作控制回路可使执行元件按所要求的往复次数或状态动作；程序动作控制回路可使执行元件按预定的程序动作。

图 8-23（a）所示为行程阀控制的单往复动作回路。每按一次手动阀，气缸往复动作一次。

图 8-23（b）所示为延时复位的单往复动作回路。活塞向右运动直到压下行程阀，回路接通，气源对气容 C 开始充气，经过一定时间，才能控制主阀换向，使活塞返回。该回路可用于在行程终点需短时间停留的场合。

图 8-23（c）所示为双缸顺序动作控制回路。缸 A、B 按 A 进→B 进→B 退→A 退的

顺序动作。每按一次手动阀，气缸实现一次工作循环。

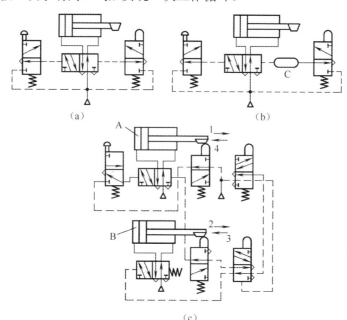

图 8-23 往复动作控制回路

三、中间继电器

控制继电器是一种当输入量变化到一定值时，电磁铁线圈通电励磁，吸合或断开触点，接触或断开交、直流小容量控制电路的自动化电器。控制继电器被广泛用于电力拖动、行程控制、自动调节与自动检测系统中。常用的控制继电器有电压继电器、电流继电器、中间继电器、时间继电器、温度继电器、热继电器等。在电气控制系统中最常用的控制继电器是中间继电器和时间继电器。下面简单介绍中间继电器。

中间继电器由线圈、铁芯、衔铁、复位弹簧、触点和端子等组成，由线圈产生的磁场来接通或断开触点。当继电器线圈流过电流时，衔铁就会在电磁力的作用下克服弹簧力，使常闭触点断开或者常开触点闭合；当继电器线圈无电流流过时，电磁力消失，衔铁在复位弹簧的作用下复位，使常闭触点闭合，常开触点断开。

四、基本电气回路

（一）是门电路

图 8-24（a）所示为一种简单的通断电路，称为是门电路。当按下按钮 SB 时，电路 1 导通，继电器 K 的线圈励磁，其常开触点闭合，电路 2 导通，指示灯亮；若释放按钮，则指示灯熄灭。

（二）或门电路

图 8-24（b）所示为或门电路，只要按下三个手动按钮中的任意一个，电路就会导通，

继电器 K 的线圈励磁。在自动化生产线上实现多点操作时，可以采用此电路。

（三）与门电路

图 8-24（c）所示为与门电路，只有将三个手动按钮同时按下，才能使电路 1 导通，继电器 K 的线圈励磁。此电路可用于防止设备误操作，保证安全。不同位置的启动按钮，必须双手操作，才可以启动设备。

（四）自锁电路

自锁电路又称为记忆电路，在各种液压、气动设备的控制电路中使用。特别是使用电磁换向阀控制气液执行元件运动时，需要自锁电路。图 8-24（d）为停止优先自锁电路，图 8-24（e）为启动优先自锁电路。按下图 8-24（d）中的按钮 SB，继电器 K 的线圈得电，电路 2 上的常开触点闭合，即使松开按钮 SB，继电器 K 的线圈也将通过已闭合的常开触点继续保持得电状态。只要按下按钮 SB1，继电器 K 的线圈就会失电。按下图 8-24（e）中的按钮 SB，继电器 K 的线圈将得电。

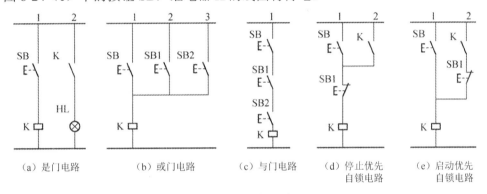

图 8-24　基本电气回路（1）

（五）互锁电路

互锁电路用于保证逻辑上的相互锁定关系，防止误动作发生，以保证设备、人员安全，如电动机的正转与反转、各气缸的伸出与缩回的锁定等。图 8-25（a）所示为互锁电路，按下按钮 SB1，继电器 K1 的线圈得电，电路 2 上的触点闭合，继电器 K1 形成自锁，而电路 3 上继电器 K1 的常闭触点断开，此时再按下按钮 SB2，继电器 K2 的线圈也不会得电。同理，若先按下按钮 SB2，则继电器 K2 的线圈得电，继电器 K1 的线圈是不会得电的。

（六）延时电路

延时电路分为通电延时电路和断电延时电路两种。在自动化系统中，有许多需要通电延时或断电延时的场合，都可采用时间继电器来定时。

图 8-25（b）所示为通电延时电路，当按下按钮 SB 后，时间继电器 KT 开始计时，经过设定的时间后，电路 2 上的时间继电器 KT 的常开触点闭合，指示灯亮；松开按钮 SB 后，时间继电器 KT 的线圈失电，常开触点断开，指示灯灭。

图 8-25（c）所示为断电延时电路，当按下按钮 SB 后，电路 2 上的时间继电器 KT 的常开触点闭合，指示灯亮；当松开按钮 SB 后，时间继电器 KT 开始计时，经过设定的时间后，电路 2 上的时间继电器常开触点断开，指示灯灭。

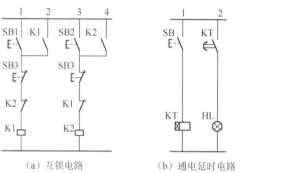
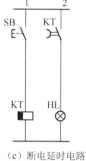

（a）互锁电路　　（b）通电延时电路　　（c）断电延时电路

图 8-25　基本电气回路（2）

工作任务六　PLC控制的连续往复动作控制回路设计与仿真

学习情境描述

传统的电气控制系统中,支配其工作的程序是通过导线将电气元件连接起来实现的,这种控制方式称为硬连接程序控制系统。这种方式下,若控制功能改变必须通过修改电气元件和接线来实现,不够方便。而PLC控制系统控制功能的改变,可以通过修改PLC程序来实现,更加方便。随着电气设备控制系统的不断发展,PLC作为控制系统的核心器件的气压传动系统越来越多。本任务要求设计一个PLC控制的连续往复动作控制回路,利用双电控电磁换向阀和磁性接近开关实现。

关键知识点:磁性接近开关的工作原理;双电控电磁换向阀的工作原理;PLC程序编写的步骤。

关键技能点:编写能控制回路的PLC程序;程序的导入和试验台的操作。

学习目标

(1) 掌握磁性接近开关、双电控电磁换向阀的工作原理。
(2) 能设计与回路图对应的PLC程序。
(3) 能利用试验台和PLC控制回路实现动作。
(4) 培养学生的自主学习能力和团结协作能力。
(5) 培养学生良好的职业素养和6S能力。

任务书

利用软件设计一个单作用气缸的直接控制回路,要求双电控电磁换向阀DT1得电,气缸伸出;当气缸运动到位后,双电控电磁换向阀DT2得电,气缸缩回,回路实现循环往复运动。利用PLC进行控制,并利用气动试验台完成搭建演示。

任务分组

根据班级人数和具体的实训要求对班级进行分组,填写小组信息表(见表8-17)。分组过程中注重人员的均衡分配,积极倡导学生实现自我管理,促使学生养成良好的学习习惯,提高学生的团队协作能力。

表8-17　小组信息表

小 组 信 息					
班级名称		日期		指导教师	
小组名称		组长姓名		联系方式	
岗位分工	技术员	记录员	汇报员	观察员	资料员
组员姓名					

说明:组长负责统筹组织整个任务实施过程,技术员负责任务实施过程的操作,记录员负责过程记录工作,汇报员负责在分享信息时进行讲解汇报,观察员负责观察、总

结过程中忽略的问题、组员的工作效率问题及记录任务完成度等，资料员负责收集各类信息。任务实施过程中可根据具体情况由多人分担同一岗位的工作或一人身兼多职，可在不同任务中进行轮岗。小组成员要团结协作、积极参与。

获取信息

引导问题 1：为什么采用双电控直动式电磁换向阀时需注意两侧电磁线圈不能同时得电？

引导问题 2：磁性接近开关的工作原理是什么？在回路中起什么作用？

工作计划

工作任务分为两部分，分别是利用软件对控制回路进行设计建模和利用试验台进行搭建演示。小组成员共同讨论工作计划，列出本次工作任务中所用到的器材的名称、符号和数量。根据任务分析的情况，制定工作流程，完成工作计划流程表（见表 8-18），发送给指导教师审阅。

表 8-18 工作计划流程表

	序 号	名 称	符 号	数 量	备 注
实训所需器材、元件	1				
	2				
	3				
	4				
	5				
	6				
	7				
	8				
	序 号	工 作 步 骤	预计达成目标	责 任 人	备 注
工作计划	1				
	2				
	3				
	4				
	5				
	6				
	7				
	8				

项目八 气压传动控制回路设计

优化决策

（1）各小组汇报各自的工作方案，教师根据各小组完成情况进行点评。
（2）各小组根据教师反馈进行讨论，完善工作方案。

引导问题 3：回路中为了能够实现气缸循环往复运动，可选用什么方式控制的换向阀？

具体实施

小组分工明确，全员参与，确保操作规范、安全。

1. 设计 PLC 控制的连续往复动作控制回路并进行回路模拟仿真

各小组根据工作计划进行工作，利用软件设计回路，并在软件上模拟仿真。根据模拟仿真结果进一步细化方案，确定最终方案。

提示

（1）气缸中的磁性接近开关可实现信号检测。
（2）电磁换向阀的线圈 DT1 得电，气缸活塞杆开始伸出，活塞杆伸出到位后，活塞杆马上开始缩回；当活塞杆缩回到位后，活塞杆又开始伸出，直到按下停止按钮，气缸活塞停止动作。气缸活塞杆做往复运动，磁性接近开关感应得电，此信号由 PLC 程序处理，通过 PLC 的输出控制换向阀电磁线圈的得电与失电，实现气缸的往复运动。

2. 搭建 PLC 控制的连续往复动作控制回路

根据模拟仿真结果，找到相应的元件，进行 PLC 控制的连续往复动作控制回路的实物搭建。

提示

（1）注意电气回路中磁性接近开关线路的连接。
（2）注意 PLC 程序导入的注意事项和要求。
（3）在故障分析时注意是否带电作业。
（4）根据回路图，用塑料软管将各元件连接起来，插拔时要注意方法，操作应规范，不能损坏元件。
（5）接通气源前，再次检查元件安装是否牢固，包括气源的输出管道。
（6）接通压缩空气，按下阀的操作按钮，检查气缸的动作顺序是否正确。观察、记录其运动情况，及时分析和解决过程中出现的问题。

（7）实训结束后，关闭气源，拆下管线和元件并放回原位。对破损、老化的管线和问题元件进行及时处理。

3. 成果分享

随机抽取 2~3 个小组分别展示和讲解各自完成的回路图，讨论工作过程中出现的问题。针对问题，指导教师及时进行现场指导和分析。

4. 问题反思

引导问题 4：电气回路中需要设置急停按钮吗？

引导问题 5：磁性接近开关的信号如何输入电气回路？

引导问题 6：搭建的回路是否能实现预定的动作？

质量控制

引导问题 7：电气控制回路用到了哪些基本回路？

引导问题 8：通过任务总结 PLC 控制气动回路的设计步骤和要求。

评价反馈

综合整个实训过程,结合任务实施过程中各组员的表现,落实 6S 管理工作。小组成员各自完成"自我评价",组长和观察员完成"小组评价",教师完成"教师评价"(见表 8-19),最终根据学生在任务实施过程中的表现,教师给予评价。

表 8-19 评价表

班级		姓名		学号		日期	
序号	考 核 项 目	自我评价(15%)		小组评价(45%)		教师评价(40%)	汇　　总
职业素养考核项目(40%)	遵守安全操作规范						
	遵守纪律,团结协作						
	态度端正,工作认真						
	做好 6S 管理						
专业能力考核项目(60%)	能按要求设计回路并仿真						
	能根据要求正确选择实训元件						
	能按照操作规范正确连接回路						
	搭建的回路能实现要求的功能						
	能正确拆装元件						
	能正确分析问题和得出结论						
合计							
总分及评价							

课后拓展

试编写该回路的另外一个 PLC 控制程序。

◆ 学习情境相关知识点 ◆

一、磁性接近开关

磁性接近开关是接近开关的一种,也是一种位置传感器。它通过传感器与物体之间位置关系的变化,将非电量或电磁量转化为所希望的电信号,从而达到控制或者测量的目的。

二、PLC 控制系统设计的基本原则和内容

(一) PLC 控制系统设计的基本原则

PLC 控制系统的设计包括硬件设计和软件设计两部分。PLC 控制系统设计的基本原则如下:

(1) 充分发挥 PLC 的控制功能,最大限度地满足被控制的生产机械或生产过程的控制要求。

(2) 在满足控制要求的前提下,力求使控制系统经济、简单,维修方便。

(3) 保证控制系统安全可靠。

(4) 考虑到生产发展和工艺的改进,在选用 PLC 时,在 I/O 点数和内存容量上适当留有余地。

(5) 软件设计主要是指编写程序,要求程序结构清楚,可读性强,程序简短,占用内存少,扫描周期短。

(二) PLC 控制系统的设计内容

(1) 根据设计任务书,进行工艺分析,并确定控制方案,它是设计的依据。

(2) 选择输入设备(如按钮、开关、传感器等)和输出设备(如继电器、接触器、指示灯等执行机构)。

(3) 选定 PLC 的型号(包括机型、容量、I/O 模块和电源等)。

(4) 分配 PLC 的 I/O 点,绘制 PLC 的 I/O 硬件接线图。

(5) 编写程序并调试。

(6) 设计控制系统的操作台、电气控制柜等,并安装接线图。

(7) 编写设计说明书和使用说明书。

三、将继电器控制电路转换为梯形图

将继电器控制电路转换为梯形图的主要步骤如下:

(1) 熟悉现有的继电器控制电路。

(2) 对照 PLC 的 I/O 端子接线图,将继电器电路图上的被控器件(如接触器线圈、指示灯、电磁阀等)换成接线图上对应的输出点的编号,将电路图上的输入装置(如传

感器、按钮开关、行程开关等）的触点都换成对应的输入点的编号。

（3）将继电器电路图中的中间继电器、定时器，用 PLC 的辅助继电器、定时器来代替。

（4）画出全部梯形图，并予以简化和修改。

上述方法对简单的控制系统是可行的，比较方便，但对较复杂的控制电路，就不适用了。

四、启动、保持、停止电路

启动、保持、停止电路（简称启保停电路）最主要的特点是具有"记忆"功能。如图 8-26 所示，按下启动按钮，I0.0 的常开触点接通，如果这时未按停止按钮，I0.1 的常闭触点接通，Q0.0 的线圈通电，它的常开触点同时接通；松开启动按钮，I0.0 的常开触点断开，"能流"经 Q0.0 的常开触点和 I0.1 的常闭触点流过 Q0.0 的线圈，Q0.0 仍为 ON，这就是所谓的"自锁"或"自保持"功能。按下停止按钮，I0.1 的常闭触点断开，使 Q0.0 的线圈断电，其常开触点断开，以后即使松开停止按钮，I0.1 的常闭触点恢复接通状态，Q0.0 的线圈仍然断电。

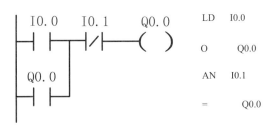

图 8-26　启保停电路梯形图

知识链接

一、液压传动工作介质

1. 对液压传动工作介质的要求

在液压传动系统中,液压油既是用来传递能量的工作介质,还起着润滑运动部件和保护金属不被锈蚀的作用,因此对其有较高的要求,大致可概括如下。

(1) 具有适宜的黏度和良好的黏温性能。

(2) 具有良好的润滑性能,以减小液压元件相对运动表面的磨损。

(3) 具有良好的化学稳定性,具体包括液压油的热稳定性、氧化稳定性、水解稳定性等。

(4) 具有较高的纯度,不含或含有极少量的杂质、水分或水溶性酸碱等。

(5) 抗起泡性能和抗乳化性能好,对金属和密封件材料具有良好的相容性。

(6) 比热容和热导率大,热膨胀系数小。

(7) 流动点和凝固点低,闪点和燃点高。

(8) 对人体无害,成本低。

(9) 可滤性好,即液压油中的颗粒污染物容易被过滤,以保证较高的清洁度。

2. 液压油的物理性质

液压油的物理性质很多,现选择与液压传动技术密切相关的三项进行介绍。

1) 密度

对于常见的矿物质液压油,其体积随温度的升高而增加,随压力的升高而减小,所以其密度会随着温度的升高而减小,随着压力升高而增大,但压力对密度的影响很小,一般在中低压系统中可忽略。在流量相同的条件下,系统的压力损失和液压油的密度成正比,密度的大小也会影响液压泵的自吸能力。

2) 黏性

当液体在外力作用下流动时,液体内部各液层之间产生内摩擦力的性质,称为液体的黏性。黏性越大,内摩擦力就越大,液体的流动性就越差。黏性的大小可用黏度来衡量。

(1) 动力黏度。

液体流动时相邻液层间的内摩擦力与液层间的相对速度 ΔV 成正比,而与液层间的距离 h 成反比,即

$$\tau = \mu \frac{\Delta V}{h}$$

式中,τ 为单位面积上的内摩擦力(切应力)。μ 为比例系数,称为动力黏度。动力黏度的单位是 $Pa \cdot s$(帕·秒)。

（2）运动黏度。

动力黏度 μ 和液体密度 ρ 的比值称为运动黏度，即

$$\nu = \frac{\mu}{\rho}$$

运动黏度的单位是 m^2/s，它没有明确的物理意义，但习惯上常用它来表示液体的黏度。液压传动介质中各种矿物油的牌号就是该种矿物油在 40℃时的运动黏度的平均值。

（3）相对黏度。

相对黏度又称条件黏度，它是利用特定的黏度计在一定条件下测出的液体黏度。恩氏黏度用恩氏黏度计测定，其值为 200mL 温度为 t℃的被测液体流经恩氏黏度计中直径为 2.8mm 的小孔的时间与 200mL 温度为 20℃的蒸馏水在同一恩氏黏度计中流过时间之比。一般以 20℃、50℃及 100℃作为测定液体黏度的标准温度，由此而得到的恩氏黏度分别用 $°E_{20}$、$°E_{50}$、$°E_{100}$ 标记。恩氏黏度与运动黏度间的换算关系式（单位：m^2/s）为

$$\nu = (7.31°E - 6.31/°E) \times 10^{-6}$$

液体的黏度会随着液体压力和温度的变化而变化。对液压油而言，压力增大，液体分子间的距离变小，黏度增大，但这个变化量很小，在一般的中低压系统中可以忽略不计。但液压油的黏度对温度变化十分敏感，温度升高，黏度降低，变化直接影响液压传动系统的性能和泄漏量。液压油的黏度随温度变化的关系称为液压油的黏温特性。黏度随温度的变化越小越好，即黏温特性要好。黏温特性可用黏度指数 $V·I$ 表示，其数值越高，表示液压油黏度随温度的变化越小。对于普通的液压传动系统，一般要求 $V·I \geq 90$。

2）液体的可压缩性

液体在压力作用下体积发生变化的性质称为液体的可压缩性。由于压力变化引起液体体积的变化很小，故该性质对液压传动系统性能的影响不大，一般情况下可认为液体是不可压缩的。但在压力变化较大、精密控制或有动态特性要求的高压系统中，应考虑液体可压缩性对系统的影响。另外在液压设备工作过程中，当液压油中混入空气时，其可压缩性将显著变强，并严重影响系统的工作性能，故系统中液压油的空气含量应尽可能小。

3. 液压油的类型

液压油的种类很多，主要可分为三大类：矿物油型、合成型和乳化型。现有液压设备中超过 90%采用矿物油型液压油。为了改善液压油的性能，往往要向其中加入各种添加剂。添加剂主要分为两类：一类是改善液压油化学性能的，如抗氧化剂、防腐剂、防锈剂；另一类是改善液压油物理性能的，如增黏剂、抗磨剂、防爬剂。液压油的主要品种及其特性和用途如表 9-1 所示。

表 9-1 液压油的主要品种及其特性和用途

类 型	名 称	ISO 代号	特性和用途
矿物油型	通用液压油	L-HL	精制矿物油加添加剂,提高抗氧化和防锈性能,适用于室内一般设备的中压、低压系统

续表

类 型	名 称	ISO 代号	特性和用途
矿物油型	抗磨型液压油	L-HM	L-HL 油加添加剂，改善抗磨性能，适用于工程机械、车辆液压传动系统
	低温液压油	L-HV	可用于环境温度为-40~-20℃的高压系统
	高黏度指数液压油	L-HR	L-HL 油加添加剂，改善黏温特性，VI 值达 175 以上，适用于对黏温特性有特殊要求的低压系统，如数控机床液压传动系统
	液压导轨油	L-HG	L-HM 油加添加剂，改善黏温特性，适用于机床中液压和导轨润滑合用的系统
	全损耗系统用油	L-HH	浅度精制矿物油，抗氧化性、抗起泡性较差，主要用于机械润滑，可作为液压代用油，用于要求不高的低压系统
	汽轮机油	L-TSA	深度精制矿物油，抗氧化性、抗起泡性较 L-HH 有所提高，为汽轮机专用油，可作为液压代用油，用于一般液压传动系统

4. 液压油的选用

液压油的选用，应从以下几个方面着手。

（1）根据工作环境和工况条件选择液压油。不同类型的液压油有不同的工作温度范围。另外，当液压传动系统的工作压力不同时，对工作介质的抗磨性能的要求也不同。表 9-2 所列为根据工作环境和工况条件选择液压油的示例。

表 9-2　根据工作环境和工况条件选择液压油（有多个适用项时前者为首选）

		工　况			
		压力小于 7MPa，温度低于 50℃	压力为 7MPa~14MPa，温度低于 50℃	压力为 7MPa~14MPa，温度为 50~80℃	压力大于 14MPa，温度为 80~100℃
适用场合	室内固定液压设备	L-HL 或 L-HM	L-HM 或 L-HL	L-HM	L-HM
	寒冷或严寒地区	L-HV 或 L-HR	L-HV 或 L-HS	L-HV 或 L-HS	L-HV 或 L-HS
	地下或水上	L-HL 或 L-HM	L-HM 或 L-HL	L-HM	L-HM
	高温热源或明火附近	HFAS 或 HFAM	HFB、HFC 或 HFAM	HFDR	HFDR

注：表中"压力"均指物理学中的"压强"。

（2）根据液压泵的类型选择液压油。液压油的最佳黏度是使液压泵的容积效率和机械效率达到最佳，使液压泵发挥最大效率的黏度，一般根据制造厂家推荐选用。按液压泵的要求确定的工作介质的黏度，一般也适用于液压阀（伺服阀除外）。根据工作温度范围及液压泵的类型选用液压油的黏度等级，如表 9-3 所示。

表 9-3　根据工作温度范围及液压泵的类型选用液压油的黏度等级

液压泵类型	压　力	运动黏度（mm^2/s）		适用品种和黏度等级
		5~40℃	40~80℃	
叶片泵	7MPa 以下	30~50	40~75	L-HM 油/32、46、68
	7MPa 以上	50~70	55~90	L-HM 油/46、68、100
螺杆泵	10.5MPa 以上	30~50	40~80	L-HL 油/32、46、68
齿轮泵		30~70	95~165	L-HL 油（中压、高压用 L-HM 油）/32、46、68、100

续表

液压泵类型	压力	运动黏度（mm²/s）		适用品种和黏度等级
		5～40℃	40～80℃	
径向柱塞泵	14MPa～35MPa	30～50	65～240	L-HL 油（高压用 L-HM 油）/32、46、68、100
轴向柱塞泵	35MPa 以上	40	70～150	L-HL 油（高压用 L-HM 油）/32、46、68、100

注：表中"压力"均指物理学中的"压强"。表中"5～40℃"及"40～80℃"均指液压传动系统的工作温度。

5. 合理使用液压油的要点

（1）液压传动系统首次使用液压油前需彻底清洗干净，在更换同一品种液压油时，也要用新换的液压油进行冲洗。

（2）液压油不能随意混用，且加入新油时应按要求过滤。

（3）根据系统的换油指标及时更换液压油。

二、液压油的污染与防护

液压油的清洁程度不仅影响液压传动系统的工作性能和液压元件的使用寿命，还关系到液压传动系统能否正常工作，因此控制液压油的污染是十分重要的。

1. 液压油被污染的原因

（1）液压传动系统的管道及液压元件内的型砂、切屑、磨料、焊渣及灰尘等杂质在系统使用前未被清理干净，液压传动系统工作时被带入液压油中。

（2）液压传动系统在工作过程中产生的杂质，如金属和密封材料的磨损颗粒，或液压油因油温升高氧化变质而生成的胶状物等直接混入液压油。

（3）外界的灰尘、砂粒通过往复伸缩的活塞杆混入液压油。另外，在检修时也会使灰尘、棉绒等混入液压油。

2. 防止液压油污染的措施

由于造成系统液压油污染的原因众多，彻底解决液压油的污染问题是很困难的。一般为了延长液压元件的使用寿命和确保液压传动系统可靠稳定的工作，应将液压油的污染控制在一定程度内，实际工作中应采取如下措施。

（1）保持液压油的清洁。液压油在运输和保管过程中都会受到外界污染，可将其静放一段时间后再使用，对于一些系统必须要进行过滤才能使用。

（2）液压传动系统在装配后、运转前要保持清洁。液压元件在装配过程中要保证干净，在装配后、运转前可利用系统使用的液压油进行清洗。

（3）选用合适的过滤器。根据设备的要求，在液压传动系统中选用不同的过滤方式和符合精度要求的过滤器，并严格按照技术要求定期检查和清洗过滤器、油箱。

（4）定期更换液压油。按要求定期更换液压油，保证液压油的清洁。

（5）控制液压油的工作温度。

三、叠加式液压阀

叠加式液压阀(简称叠加阀)是一种可以相互叠装的液压阀,它是在板式连接的液压阀集成化基础上发展起来的新型液压元件。从图 9-1 中可以看出,叠加阀液压传动系统主要由各种叠加阀、板式连接的电磁换向阀和连接块组成。

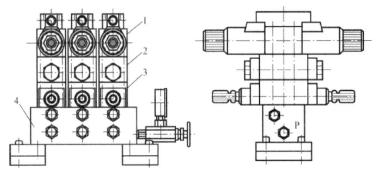

1—电磁换向阀;2—叠加式液控单向阀;3—叠加式单向节流阀;4—连接块

图 9-1 叠加阀液压传动系统

在系统的配置形式上,叠加阀液压传动系统有如下特点:阀与阀之间以自身作为通道体,按一定次序叠加,由螺栓将其串联在换向阀与连接块之间;同一通径系列叠加阀的油口和螺钉孔的位置、大小及数量都与相匹配的标准换向阀相同,具有良好的通用性及互换性;系统结构紧凑,配置灵活,系统设计、制造周期短,标准化、通用化和集成化程度较高。

四、插装式锥阀

插装式锥阀又称二通插装阀,它与普通液压阀相比,具有结构简单、通流能力强、动作灵敏、密封性好、泄漏少、标准化程度高的特点。二通插装阀特别适用于高压、大流量、较复杂的液压传动系统。

1. 二通插装阀的结构及工作原理

二通插装阀由控制盖板 1、插装主阀(由阀套 2、弹簧 3、阀芯 4 及密封件组成)、插装块体 5 和先导元件(置于控制盖板上,图中未画出)组成,如图 9-2(a)所示。插装主阀采用插装式连接,阀芯呈锥形。根据不同的需要,阀芯的锥端可开阻尼孔及节流三角槽,阀芯也可以是圆柱形的。

2. 插装阀的应用

1)方向控制

图 9-3 所示为二通插装方向控制阀的实例,图(a)所示插装阀用作单向阀,设 A、B 两腔的压力分别为 p_A 和 p_B,当 $p_A > p_B$ 时,锥阀关闭,A 口与 B 口不通;当 $p_A < p_B$ 且 p_B 达到开启压力时,锥阀开启,液压油从 B 口流向 A 口。

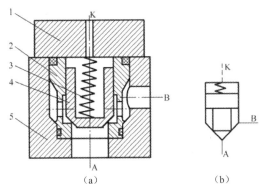

1—控制盖板；2—阀套；3—弹簧；4—阀芯；5—插装块体

图 9-2 二通插装阀的结构和图形符号

图 9-3（b）所示插装阀用作二位二通换向阀，在图示状态下，锥阀开启，A 口与 B 口相通；当二位二通换向阀通电且 $p_A > p_B$ 时，锥阀关闭，A→B 油路切断。

图 9-3（c）所示插装阀用作二位三通换向阀，在图示状态下，A 口与 T 口相通，A 口与 P 口断开；当二位三通换向阀通电时，A 口与 P 口相通，A 口与 T 口断开。

图 9-3（d）所示插装阀用作二位四通换向阀，在图示状态下，A 口和 T 口相通，P 口和 B 口相通；当二位四通换向阀通电时，A 口和 P 口相通，B 口和 T 口相通。

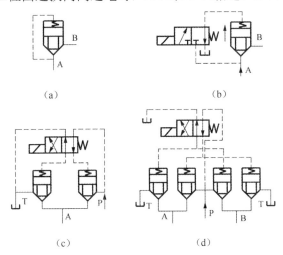

图 9-3 二通插装方向控制阀实例

2）压力控制

如图 9-4（a）所示，与 K 口连接的直动式溢流阀 1 作为先导阀控制插装主阀 2，在不同的油路连接下便构成不同的压力控制阀。如图 9-4（b）所示，B 口通油箱，该二通插装阀可用作溢流阀。当 A 口油压升高到先导阀调定的压力时，先导阀打开，液压油流过主阀阀芯阻尼孔 R 时两端形成压差，主阀阀芯提升开启，A 口压力油经 B 口流回油箱，实现溢流稳压。若二通插装阀通电，可作为卸荷阀使用。如图 9-4（c）所示，该二通插装阀 B 口接一负载油路可构成顺序阀。此外，若主阀采用油口常开的圆锥阀芯，则可构成二通插装减压阀；若以比例溢流阀代替图中直动式溢流阀作先导阀，则可构成二通插装电液比例溢流阀。

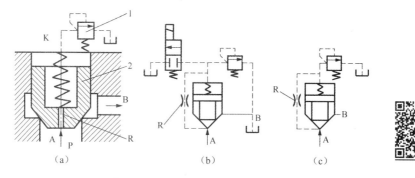

图 9-4　二通插装压力控制阀实例

3. 流量控制

在二通插装方向控制阀的盖板上增加阀芯行程调节装置，调节阀芯开口的大小，就构成了一个插装式可调节流阀，即二通插装节流阀（二通插装流量控制阀）。若用直流比例电磁铁代替节流阀的手动调节装置，可变成二通插装电液比例节流阀。

五、电液比例控制阀

手动调节和开关式控制的各种阀，其输出参数在阀处于工作状态时是不可调节的，因此，不能实现自动化连续控制和远程控制。电液比例控制阀主要将普通压力控制阀的手调机构和电磁铁改换为比例电磁铁。它可以根据输入电信号的大小连续地、按比例地对液压传动系统的参数实现远距离控制和计算机控制，分为压力控制、流量控制和方向控制三大类。

1. 电液比例压力阀

图 9-5 所示为电液比例压力阀，作用在阀芯上的液压力与比例电磁铁 2 的电磁推力相平衡，传力弹簧 5 只起传递力的作用。比例电磁铁的电磁推力与输入电流成比例，若输入信号连续地、按比例地或按一定程序变化，则电液比例压力阀所调节的系统压力也连续地、按比例地或按一定程序变化。这种阀一般用作先导阀，与普通溢流阀、减压阀、顺序阀组合成电液比例溢流阀、电液比例减压阀和电液比例顺序阀。

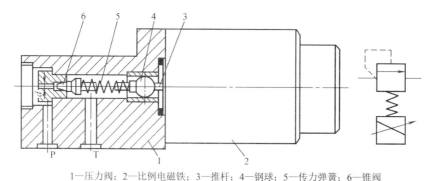

1—压力阀；2—比例电磁铁；3—推杆；4—钢球；5—传力弹簧；6—锥阀

图 9-5　电液比例压力阀的结构和图形符号

图 9-6 所示为电液比例调压回路。根据执行元件各工况的压力需求，调节输入电液比例溢流阀的电流，液压泵便可实现多级调压或无级调压。此回路的调压过程平缓、无冲击，且在工作过程中随时可以调节压力。

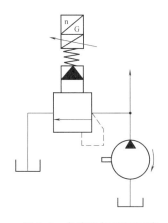

图 9-6 电液比例调压回路

2. 电液比例流量阀

图 9-7 所示为电液比例流量阀，用直流比例电磁铁取代原有的手调装置，以输入电信号控制节流口开度，便可连续地或按比例地远程控制其输出流量，实现执行机构的运动速度调节。输入电信号不同，电磁推力不同，便有不同的节流口开度。由于定差减压阀已保证节流口前后压差为定值，所以一定的输入电流对应一定的输出流量。图 9-8 所示为电液比例流量调节回路。

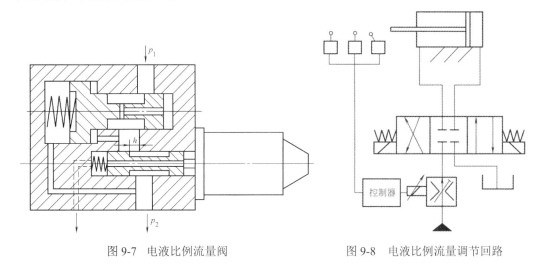

图 9-7 电液比例流量阀　　　　图 9-8 电液比例流量调节回路

六、电液数字阀

电液数字阀是指用数字信号直接控制阀的启闭，从而控制液压油压力、流量、方向的液压控制阀，是新型液压元件发展的一个方向。其特点是可以直接与计算机连接，不需要 D/A 转换元件，结构简单，工艺性好，价格低廉，抗污染能力强，工作可靠，抗干扰性好，重复精度高等。

图 9-9 所示的增量式数字流量阀为电液数字阀的一种。如图 9-9 所示，计算机发出信号促使步进电动机 1 转动，通过滚珠丝杠 2 转化为轴向位移，带动阀芯 3 移动，控制阀口的开度，实现对流量的调节和控制。该阀有两个节流口，右节流口为非全周通流，阀口较小，左节流口为全周通流，阀口较大。采用这种大、小节流口分段调节的方式，可改善小流量时的调节性能。

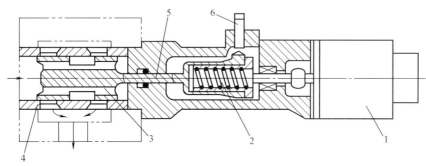

1—步进电动机；2—滚珠丝杠；3—阀芯；4—阀套；5—连杆；6—位移传感器

图 9-9 增量式数字流量阀

该阀无反馈功能，当每个控制周期终了时，利用位移传感器 6 控制阀芯回到零位，保证每个工作周期都从相同的位置开始，使该阀具有较高的控制精度。

七、真空元件及应用

在气压传动系统中，在低于大气压力的环境下工作的元件称为真空元件，由真空元件组成的气压传动系统称为真空系统。其作为实现自动化的一种手段得到广泛应用。

1. 真空发生器

真空发生装置有真空泵和真空发生器两种。真空泵是在吸入口形成负压，排气口直接通大气，两端压力比很大的抽除气体的机械。真空发生器是利用压缩空气的流动而形成一定真空度的气动元件。与真空泵相比，它的结构简单、体积小、质量小、价格低、安装方便、与配套件复合化容易，真空的产生和解除快，适用于流量不大的间歇工作，适合分散使用。

图 9-10 所示为典型真空回路，如图 9-10（a）所示，当吸持物体时，真空切换阀 10 的电磁铁通电，真空泵吸气，使真空吸盘 15 产生真空，将物体吸持；当真空切换阀的电磁铁断电时，真空破坏阀 9 的电磁铁通电，真空系统被破坏，将物体放开。如图 9-10（b）所示，当吸持物体时，供给阀 17 的电磁铁通电，压缩空气通过真空发生器 18、消声器 8 排入大气，由于真空发生器的作用，在真空吸盘 15 处产生真空，将物体吸持。当供给阀的电磁铁断电时，真空破坏阀的电磁铁通电，真空系统被破坏，将物体放开。

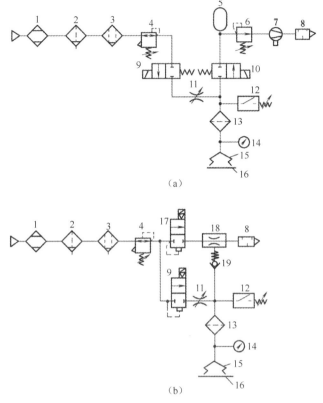

（a）

（b）

1—干燥剂；2—过滤器；3—油雾分离器；4—减压阀；5—真空罐；6—真空调压阀；7—真空泵；8—消声器；9—真空破坏阀；10—真空切换阀；11—节流阀；12—真空压力继电器；13—真空过滤器；14—真空压力表；15—真空吸盘；16—被吸物体；17—供给阀；18—真空发生器；19—单向阀

图 9-10 典型真空回路

真空发生器的传统用途是配合吸盘进行各种物料的吸附、搬运，尤其适合吸附易碎、柔软、非金属材料或球形物体。

2. 真空吸盘

真空吸盘实物图和图形符号如图 9-11 所示。真空吸盘是真空系统中的执行元件，用于吸持表面光滑平整的工件，主要由橡胶和金属骨架压制而成。常用的吸盘形状有圆形平吸盘和波纹形吸盘。波纹形吸盘相对圆形平吸盘有更好的适应性，允许工作表面有轻微的不平、弯曲或倾斜，同时在吸持工件移动时有较好的缓冲性能。

（a）圆形平吸盘　　　（b）波纹形吸盘　　　（c）图形符号

图 9-11 真空吸盘实物图和图形符号

真空系统中除了真空发生器和真空吸盘，还包括真空电磁阀、真空压力开关、空气过滤器、油雾分离器、真空安全开关等元件。

八、双稳元件

双稳元件的工作原理如图 9-12（a）所示。双稳元件有记忆功能，在逻辑回路中起着重要的作用，应用较多。双稳元件有两个控制口 A、B，有两个工作口 S_1、S_2。当 A 口有控制信号输入时，阀芯带动滑块向右移动，P 口与 S_1 口接通，S_1 口有输出，而 S_2 口与排气孔相通，此时，双稳元件处于置"1"状态。在 B 口有控制信号输入之前，A 口的控制信号虽然已消失，但阀芯仍保持在右端，S_1 口总有输出。当 B 口有控制信号输入时，阀芯带动滑块向左移动，P 口与 S_2 口接通，S_2 口有输出，而 S_1 口与排气孔相通，此时，双稳元件处于置"0"状态。在 B 口的控制信号消失，而 A 口的控制信号到来之前，阀芯仍会保持在左端，所以双稳元件具有记忆功能。A 口和 B 口同时输入控制信号，则状态不定。双稳元件的图形符号如图 9-12（b）所示。

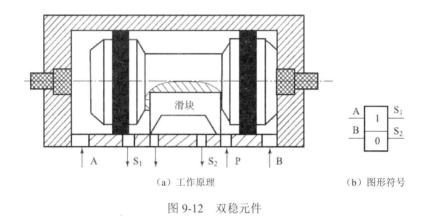

（a）工作原理　　　　　（b）图形符号

图 9-12　双稳元件

附录 A 常用液压与气动元件图形符号
（GB/T 786.1—2009）

表 A-1 图形符号基本要素、应用规则

符号名称或用途	图形符号	符号名称或用途	图形符号
工作管路		控制管路、泄油管路、放气管路	
组合元件线		软管总成	
位于溢流阀内的控制管路		先导式减压阀内的控制管路	
位于减压阀内的控制管路		控制机构应画在矩形或长方形图的右侧，除非两侧都有	
压力阀符号的基本位置由流动方向决定，供油口通常画在底部		流体流过阀的路径和方向	
管路的连接		流体流过阀的路径和方向	
单向阀座（小、大规格）		单向阀运动部分（小、大规格）	

符号名称或用途	图形符号	符号名称或用途	图形符号
节流阀节流口 小、大规格	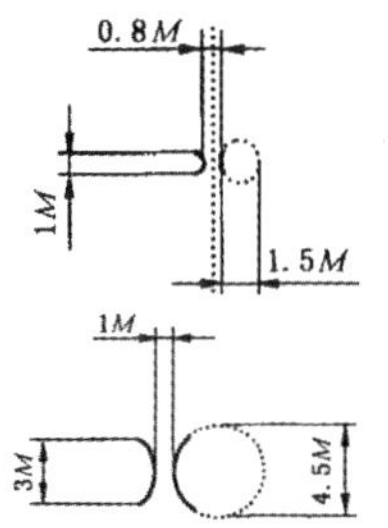	调速阀节流口 小、大规格	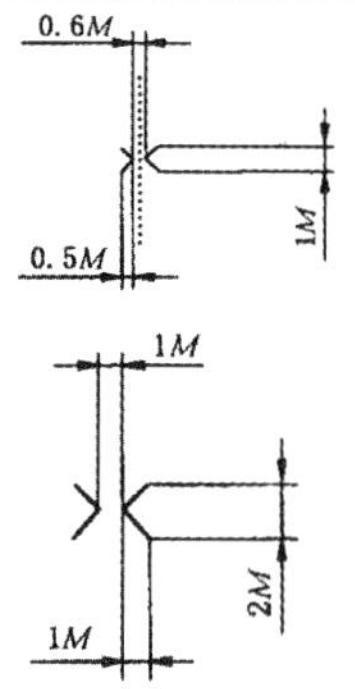
不带单向阀的快换接头,断开状态	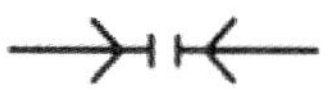	带单向阀的快换接头,断开状态	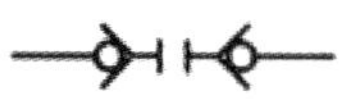
控制管路或泄油管路接口	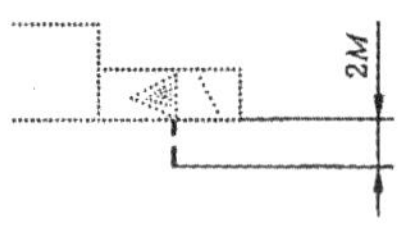	液体流动方向	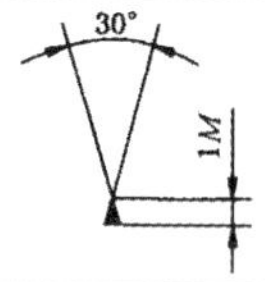
多路旋转接头两边接口都有 $2M$ 间隔,图中数字可自定义并扩展	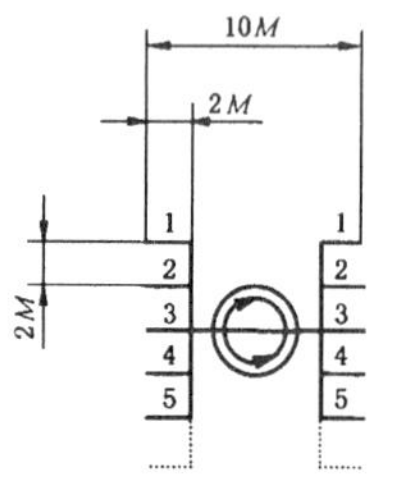	活塞应距缸端盖 $1M$ 以上,连接油口距缸符号末端应在 $0.5M$ 以上	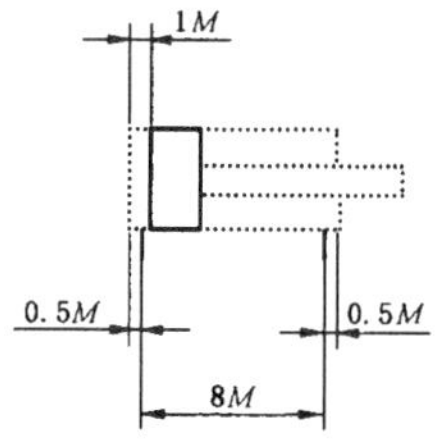
顺时针方向旋转指示箭头	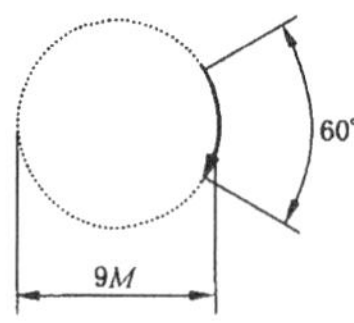	双向旋转指示箭头	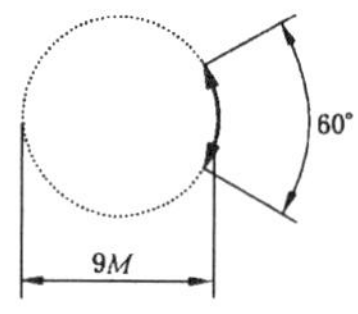
油缸弹簧	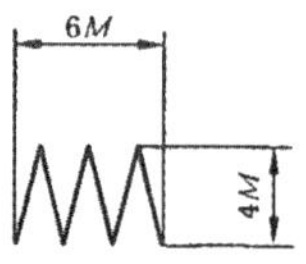	控制元件:弹簧	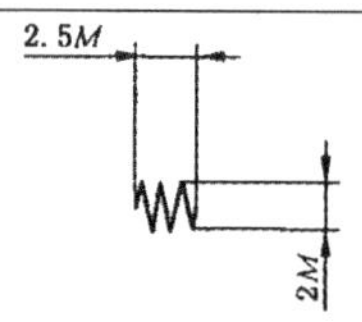
**—输出信号 *—输入信号	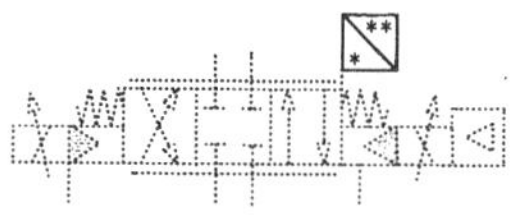	输入信号	F—流量; G—位置或长度测量; L—液位; P—压力或真空; S—速度或频率; T—温度; W—质量或力
泵的驱动轴位于左边(首选位置)或右边,且可延长 $2M$ 的倍数	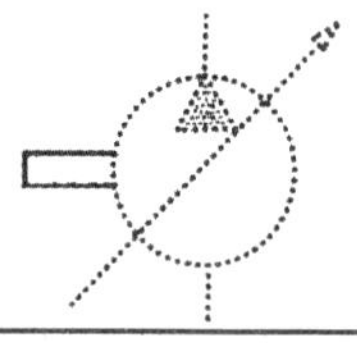	马达的轴位于右边(首选位置)也可置于左边	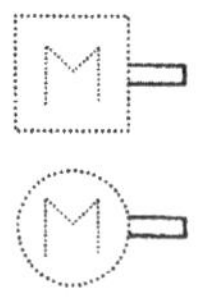

附录 A 常用液压与气动元件图形符号（GB/T 786.1—2009）

续表

符号名称或用途	图形符号	符号名称或用途	图形符号
气压源		液压源	

表 A-2 控制方式

符号名称或用途	图形符号	符号名称或用途	图形符号
带分离把手和定位销的控制机构		使用步进电动机的控制机构	
带有定位装置的推或拉的控制机构		单向行程操作的滚轮杠杆	
电气先导控制机构		电液先导控制机构	
单作用电磁铁，动作背向阀芯；单作用电磁铁，动作指向阀芯		单作用电磁铁，动作背离阀芯，连续控制；单作用电磁铁，动作指向阀芯，连续控制	
双作用电磁铁控制，动作指向或背离阀芯		可调行程限制装置的顶杆	
气压复位，外部压力源		手动锁紧控制机构	

表 A-3 方向阀

符号名称或用途	图形符号	符号名称或用途	图形符号
单向阀		先导式液控单向阀，带复位弹簧	
梭阀（或门）		双压阀（与门）	
二位二通换向阀，推压控制机构，弹簧复位，常闭		二位三通换向阀，滚轮杠杆控制，弹簧复位	

续表

符号名称或用途	图形符号	符号名称或用途	图形符号
二位二通换向阀，电磁阀操作，弹簧复位，常开		三位四通换向阀，电磁铁操作先导阀，液压操作主阀，外部先导供油，弹簧对中	
二位四通换向阀，电磁铁操作，弹簧复位		三位四通换向阀，弹簧对中，双电磁铁直接操作	
二位三通换向阀，单电磁铁操作，弹簧复位，定位销式手动定位		三位四通换向阀，液压控制，弹簧对中	
二位四通换向阀，双电磁铁操作，定位销式（脉冲阀）		三位五通换向阀，定位销式各位置杠杆控制	
二位三通液压电磁换向阀，（二位三通电磁球阀）		二位五通气动换向阀，单作用电磁铁，外部供气，手动操作，弹簧复位	
直动式比例换向阀		双单向阀，先导式	
二位五通换向阀，踏板控制		快速排气阀	
先导式伺服阀，带主级和先导级的闭环位置控制，集成电子器件，外部先导供油和回油		延时控制气动阀	

表 A-4 压力阀

符号名称或用途	图形符号	符号名称或用途	图形符号
直动式溢流阀		气动内部流向可逆调压阀	
直动式减压阀，外泄式		气动外部控制顺序阀	

附录 A 常用液压与气动元件图形符号（GB/T 786.1—2009）

续表

符号名称或用途	图形符号	符号名称或用途	图形符号
先导式减压阀，外泄式	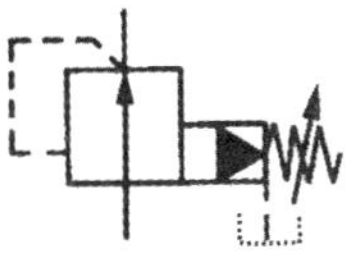	直动式比例溢流阀	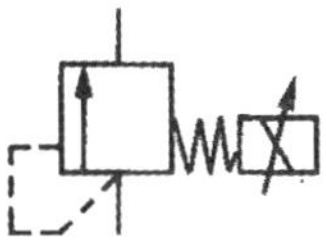
电磁溢流阀，先导式	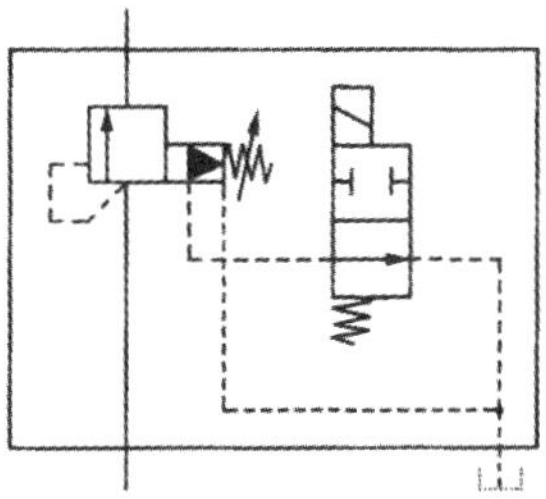	直动式比例溢流阀，电磁力直接作用于阀芯上，集成电子器件	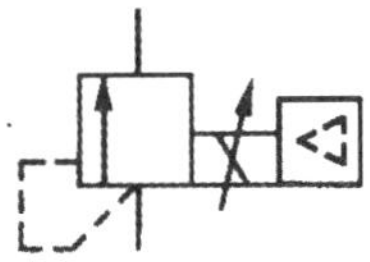
单向顺序阀	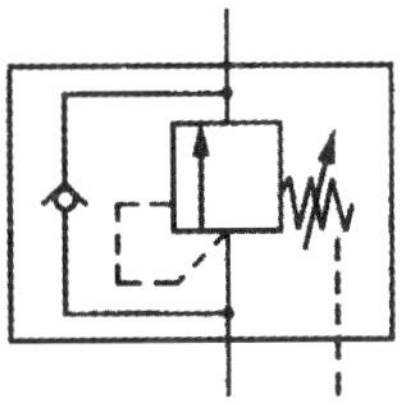	比例溢流阀，先导控制，带电磁铁位置反馈	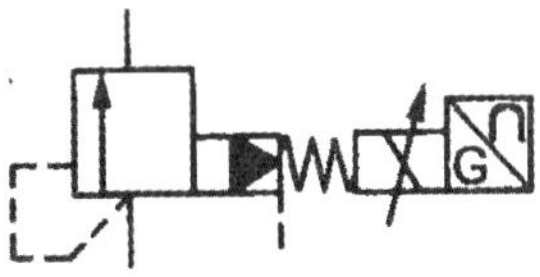

表 A-5　泵、马达

符号名称或用途	图形符号	符号名称或用途	图形符号
变量泵	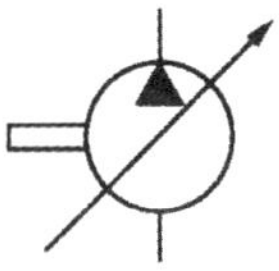	双向流动，带外泄油路的单向变量泵	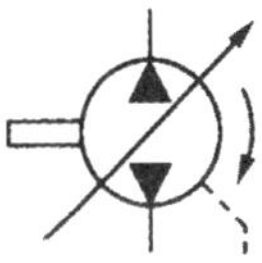
空气压缩机	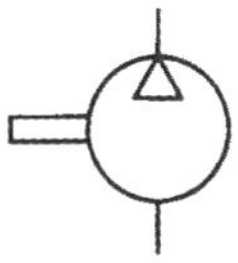	单向旋转的定量泵或液压马达	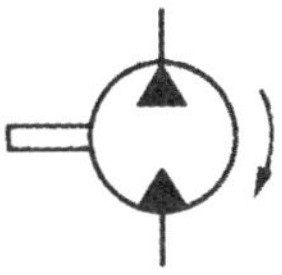
双向变量泵或液压马达单元，双向流动，带外泄油路	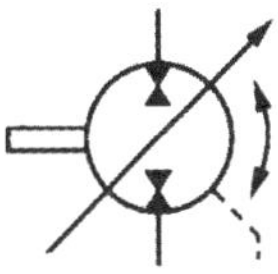	双向摆动缸，限制摆动角度	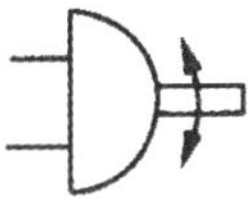
单向变量泵，先导控制，压力补偿，带外泄油路	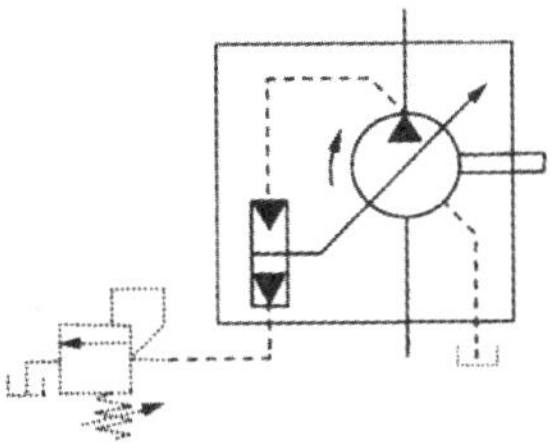	单作用半摆动缸	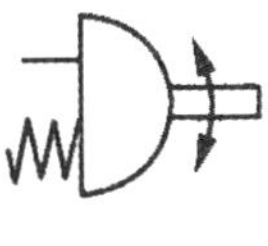

续表

符号名称或用途	图形符号	符号名称或用途	图形符号
连续增压器，将气体压力 p_1 转换为较高的液体压力 p_2		真空泵	
气动马达		双向定量摆动气动马达	

表 A-6　流量阀

符号名称或用途	图形符号	符号名称或用途	图形符号
可调节流阀		可调单向节流阀	
单向调速阀，可调节		三通流量阀，可调节，将输入流量分为固定流量和剩余流量	
流量阀，滚轮杠杆操作，弹簧复位		直控式比例流量阀	
分流阀		集流阀	

表 A-7　插装阀

符号名称或用途	图形符号	符号名称或用途	图形符号
压力和方向控制插装阀插件，阀座结构，面积 1:1		方向控制插装阀插件，带节流端的座阀结构，面积比例≤0.7	
方向控制插装阀插件，带节流端的座阀结构，面积比例>0.7		方向控制插装阀插件，座阀结构，面积比例≤0.7	

附录 A 常用液压与气动元件图形符号（GB/T 786.1—2009）

续表

符号名称或用途	图形符号	符号名称或用途	图形符号
方向控制插装阀插件，座阀结构，面积比例>0.7		方向阀控制阀插件，单向流动，座阀结构，内部先导供油，带可替换的节流孔	
带溢流和限制保护功能的阀芯插件，滑阀结构，常闭		减压插装阀插件，滑阀结构，常开，带集成的单向阀	
带先导端口的控制盖		带先导端口的控制盖，带可调节行程的限位器和遥控端口	
带溢流功能的控制盖		带行程限制器的二通插装阀	

表 A-8 缸

符号名称或用途	图形符号	符号名称或用途	图形符号
单作用单杆缸		双作用单杆缸	
双作用双杆缸，活塞杆直径不同，双侧缓冲，右侧带调节		带行程限制器的双作用膜片缸	
柱塞缸		活塞杆终端带缓冲的单作用膜片缸，排气不连接	
单作用伸缩缸		双作用伸缩缸	
行程两端定位的双作用缸		双作用磁性无杆缸，仅在右边终端位置切换	
双杆双作用缸，左终点带内部限位开关，内部机械控制，右终点由外部限位开关，由活塞杆触发		单作用气液转换器	

符号名称或用途	图形符号	符号名称或用途	图形符号
永磁活塞双作用夹具	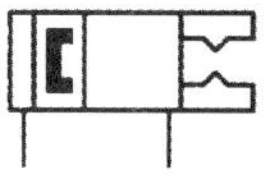	单作用增压器	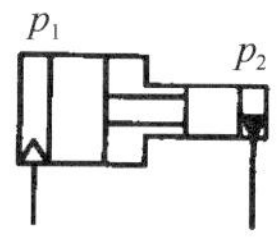 p_1, p_2

表 A-9 附件

符号名称或用途	图形符号	符号名称或用途	图形符号
可调节的机械电子压力继电器	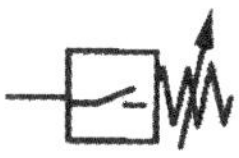	输出开关信号，可电子调节的压力转换器	
温度计		流量计	
压力表		过滤器	
离心式分离器	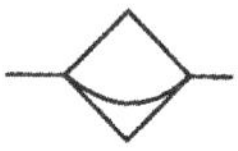	带光学阻塞指示器的过滤器	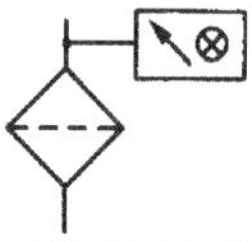
气源处理装置（气动三联件），上图为详细的示意图，下图为简化图	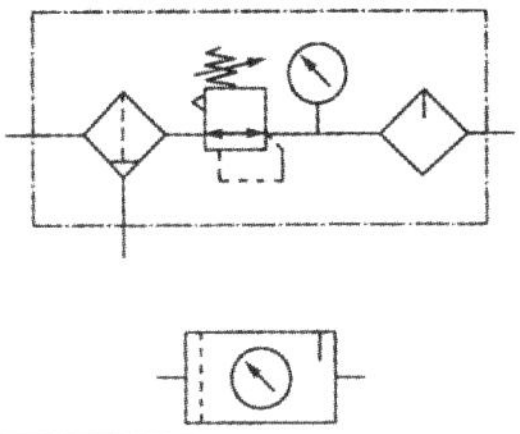	无压力表的过滤调压阀	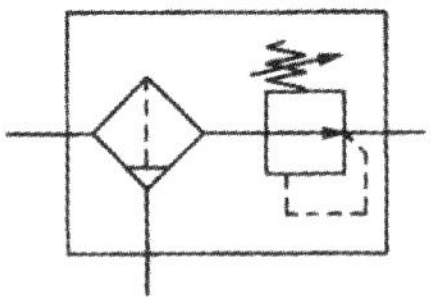
手动排水流体分离器		带手动排水分离器的过滤器	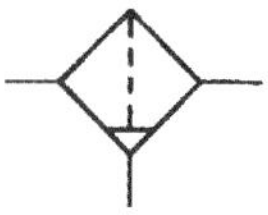
自动排水流体分离器	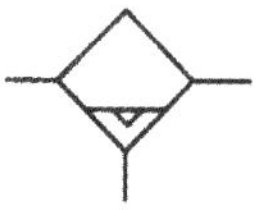	吸附式过滤器	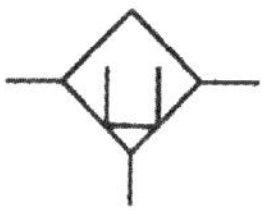
空气干燥器	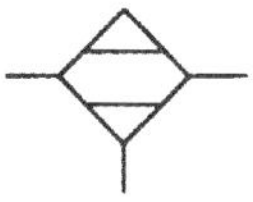	油雾器	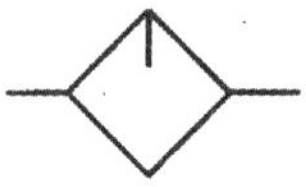
气罐	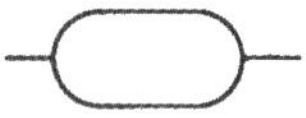	手动排水油雾器	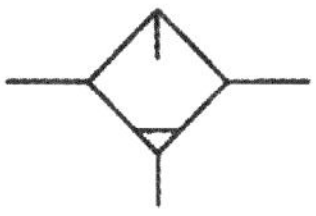

附录 A 常用液压与气动元件图形符号（GB/T 786.1—2009）

续表

符号名称或用途	图 形 符 号	符号名称或用途	图 形 符 号
隔膜式充气蓄能器		气囊式蓄能器	
活塞式充气蓄能器		气瓶	

附录 B 常用液压与气动元件在两种国家标准中的图形符号

元件名称	GB/T 786.1—2009	GB/T 786.1—1993	元件名称	GB/T 786.1—2009	GB/T 786.1—1993
定量泵			单活塞杆缸		
单向变量泵			双活塞杆缸		
双向流动单向旋转变量泵			单作用单杆缸		
双作用马达			液控单向阀		
单向定量马达			双单向阀（液压锁）		
双向变量马达			单向调速阀		
直动式溢流阀			分流阀		
先导式溢流阀			调速阀		

附录 B　常用液压与气动元件在两种国家标准中的图形符号

直动式减压阀			电磁阀		
先导式减压阀			电液阀		
直动式顺序阀			液动阀		
溢流调压阀			不带单向阀的快换接头		
直动式电液比例阀			带单向阀的快换接头		
压力继电器			弹簧		

参考文献

[1] 孙立峰，吕枫. 工程机械液压系统分析及故障诊断与排除. 北京：机械工业出版社，2014

[2] 夏铭，翟雁. 液压与气动技术. 广州：华南理工大学出版社，2015

[3] 张晓旭，李荣珍. 机床液压气动系统装接检测. 北京：北京理工大学出版社，2016

[4] 符林芳，高利平. 液压与气压传动技术. 北京：北京理工大学出版社，2016

[5] 王稳，郑勇. 气液传动控制技术. 北京：外语教学与研究出版社，2017

[6] 荀维杰. 液压与气压传动. 长沙：国防科技大学出版社，2017

[7] 于治明，初丽微. 液压与气压传动. 北京：北京理工大学出版社，2017

[8] 廖友军，余金伟. 液压传动与气动技术. 北京：北京邮电大学出版社，2018

[9] 张帆. 液压与气动控制及应用. 北京：北京理工大学出版社，2018

[10] 李绍华，李继财. 液压与气压传动技术. 北京：北京理工大学出版社，2020

[11] 张群生. 液压与气压传动. 北京：机械工业出版社，2020

[12] 蔡跃. 职业教育活页式教材开发指导手册. 上海：华东师范大学出版社，2020